高等职业教育新目录新专标
电子与信息大类教材

U0161931

网络安全系统集成

唐继勇　陈学平　主　编

钟文辉　连国强　副主编

张建标　主　审

电子工业出版社
Publishing House of Electronics Industry
北京 · BEIJING

内 容 简 介

本书由高校与企业合作编写，详细阐述了网络安全系统集成的全过程。全书包括 6 个单元，分别是网络安全系统集成概述、网络综合布线系统设计、网络工程设计、网络系统安全设计、网络工程的实施与测试验收、网络系统安全管理。本书围绕网络安全系统集成任务，理论知识和实际应用紧密结合，典型案例的实用性和可操作性强。本书还配有题型多样和不同难度的习题集及微课视频资源，方便教师教学和学生学习。

本书可作为高等职业院校信息安全技术应用、计算机网络技术专业，职业本科信息安全与管理、网络工程技术专业及相关专业的教材，也可作为网络管理人员、网络安全工程技术人员和对网络安全技术感兴趣的读者的参考书。

图书在版编目（CIP）数据

网络安全系统集成 / 唐继勇，陈学平主编. —北京：电子工业出版社，2023.1
ISBN 978-7-121-42932-3

Ⅰ.①网⋯　Ⅱ.①唐⋯　②陈⋯　Ⅲ.①计算机网络—网络安全—高等职业教育—教材
Ⅳ.①TP393.08

中国版本图书馆 CIP 数据核字（2022）第 024505 号

责任编辑：左　雅
印　　刷：三河市双峰印刷装订有限公司
装　　订：三河市双峰印刷装订有限公司
出版发行：电子工业出版社
　　　　　北京市海淀区万寿路 173 信箱　邮编：100036
开　　本：787×1092　1/16　　印张：13.25　字数：339 千字
版　　次：2023 年 1 月第 1 版
印　　次：2024 年 1 月第 2 次印刷
定　　价：45.00 元

凡所购买电子工业出版社图书有缺损问题，请向购买书店调换。若书店售缺，请与本社发行部联系，联系及邮购电话：（010）88254888，88258888。
质量投诉请发邮件至 zlts@phei.com.cn，盗版侵权举报请发邮件至 dbqq@phei.com.cn。
本书咨询联系方式：（010）88254580 或 zuoya@phei.com.cn。

前　言

随着移动互联网、云计算、大数据、物联网等技术的兴起及其网络服务的广泛应用，网络技术的发展日新月异，随之而来的网络安全问题也越来越突出，恶意攻击者和间谍的犯罪比以往任何时候都来得频繁，作案工具越来越强大，作案手法更是层出不穷。云网络中的大数据对于恶意攻击者来说是极具吸引力的，往往成为被攻击的目标。一旦云网络系统被恶意攻击者攻破，大量有价值的数据信息将会泄露，对整个企业甚至整个行业而言都是毁灭性的打击。因此，现代网络的安全防护至关重要。如何提高网络系统的安全运行能力，已成为人们急需解决的问题。每个网络管理人员、工程技术人员和用户都应该掌握一定的网络安全知识与技能，以使得网络系统能够安全、稳定地运行，同时能够提供安全可靠的服务。

为了帮助读者掌握网络安全知识和技术，并能够在工作中采用正确的措施保护网络环境的安全，编者编写了《网络安全系统集成》（被教育部评为"十二五"职业教育国家规划教材）。然而网络安全威胁不断出现新的变化，技术发展十分迅速，教材建设也需与时俱进，才能适应形势发展。我们在前书的基础上，组织行业、企业人员对教材内容进行了梳理论证，总结了编者多年来网络安全实践及教学的经验，依据教育部最新颁布的《高等职业学校专业教学标准》信息安全技术应用专业的相关教学要求，按照网络安全纵深防御体系的构建思路，精心设计了 6 个教学单元，使得教材内容更加丰富，重点知识更加突出，更贴近教学实际。每个单元由若干教学任务组成，每个教学任务均包含任务场景、任务布置、知识准备、任务实施、任务评价、归纳总结、在线测试和技能训练教学环节。本书的特色具体体现在以下几个方面。

（1）坚持"在做中学"的教育理念。通过任务化教学强化学生的技能训练，使学生能够在训练过程中巩固所学知识，将所学的知识与网络安全任务有机地结合起来。

（2）教学资源丰富。本书配套的教学资源是与业界知名设备商合作开发的，包括工作原理动画、操作实践微课视频、基于主题内容的 PPT 和题型多样的习题集等。

（3）教学可操作性强。本书使用思科的 Packet Tracer 网络模拟器作为学习平台，所有内容都可在 Packet Tracer 上实践。学生也可以在自己的计算机上完成课后实践作业。

本书以网络安全系统集成过程为主线，主要内容涵盖网络设备的安全管理、局域网安全技术、网络访问控制技术、防火墙技术、入侵检测与防御技术、虚拟专用网络技术和网络安全管理技术等核心内容，建议教学学时为 64 学时，理论学时与实践学时之比为 1：2，各校可根据学生的学习基础和实际学情进行适当调整。

本书由重庆电子工程职业学院唐继勇、陈学平任主编，钟文辉（锐捷网络股份有限公司）、连国强（重庆云影众城信息科技有限公司）任副主编，由北京工业大学教授、博导张建标担任主审。其中，单元 1 和单元 2 由陈学平编写，单元 3 由唐继勇编写，单元 4 由钟文辉编写，单元 5 和单元 6 由连国强编写。全书由唐继勇统稿。

本书在编写过程中参阅了同行的相关资料，得到编者所在学院、相关企业的大力支持和帮助，在此向有关同行和单位表示衷心感谢。限于编者水平，书中难免有不妥之处，恳请广大读者批评指正。

编　者

2022 年 11 月

目　　录

单元1 网络安全系统集成概述

计算机网络技术是计算机技术和通信技术的融合与交集，涉及多个交叉学科领域。如今，各行各业的大、中、小企事业单位都要组建网络，应当以用户的网络应用需求和投资规模为出发点，综合应用计算机技术和网络通信技术，合理选择各种软硬件产品，通过网络集成商相关技术人员的集成设计、应用开发、安装组建、调试和培训、管理和维护等大量专业性工作和商务工作，使集成后的网络安全系统具有良好的性价比，满足用户的实际需要，成为稳定可靠的计算机网络系统。网络安全系统集成是一项综合性很强的系统工程，本书主要介绍网络安全系统的规划、设计、组建和维护。

学习目标

通过本项目的学习，学生能够了解网络系统集成的基本概念，掌握网络工程项目的实施步骤、理解网络需求分析的方法和内容等知识。
- 掌握网络需求分析技能；
- 具备开展需求调研、形成网络安全需求报告的能力；
- 具备理论联系实际和团队协作的素养。

1.1 认识网络系统集成过程

任务场景

小明家的房子是两室一厅，小明和父母都需要在家里使用计算机上网。为了避免冲突，小明家准备购买 3 台 PC（个人计算机）。其中，两台台式计算机固定在客厅里上网，一台笔记本电脑（带有无线网卡）需要在家里的任何地方都能够上网。

任务布置

1. 利用互联网了解网络系统集成的基本概念，认知网络系统集成是一个发展的概念。
2. 归纳总结网络系统集成的基本过程，知道每一过程的主要功能。
3. 对比 TCP/IP 模型，认知网络系统集成的体系结构。

4. 总结网络系统集成项目能顺利实施的主要要求有哪些。

知识准备

1.1.1 网络系统集成的概念

1. 网络系统集成的定义

网络系统集成术语含有 3 个层次的概念，即网络、系统、集成。

（1）网络的概念。这里提到的网络，指的是计算机网络，如校园网、园区网、企业网等。从计算机网络的概念来看，它含有系统集成成分，但不具有更专业的技术和工艺。

（2）系统的概念。系统是为实现特定功能，以达到某一目标而构成的相互关联的一个集合体。计算机网络中的计算机、交换机、路由器、防火墙、系统软件、应用软件、通信介质等就体现了一个有机的、协调的集合体。

（3）集成的概念。集成是将一些孤立的事物和元素通过某种方式集中在一起，产生有机的联系，从而构成一个有机整体的过程和操作方法。因此，集成是一种过程、方法和手段。

到目前为止，关于什么是网络系统集成还没有一个严格的统一定义。一种较为通行的定义是：以用户的网络应用需求和投资规模为出发点，合理选择各种软硬件产品和应用系统等，并将其组织成一体，使之成为能够满足用户的实际需要，具有高性价比的计算机网络系统的过程。

从网络系统集成的通行定义可知，网络系统集成包含以下要素。

（1）目标：系统生命周期中与用户利益始终保持一致的服务。

（2）方法：先进的理论+先进的手段+先进的技术+先进的管理。

（3）对象：计算机及通信硬件+计算机软件+计算机使用者+管理。

（4）内容：计算机网络集成+信息和数据集成+应用系统集成。

必须明确指出的是，网络系统集成既不是一套系统，也不是一堆计算机硬件，更不是一套软件，也不仅仅是开放系统和标准化，而是一种观念、思想和管理，是一种系统的规则、实施的方法和策略。

2. 为什么需要网络系统集成

网络系统集成不是各种硬件和软件的堆积，而是一种在系统整合、系统再生产过程中为满足客户需求的增值服务业务，是一种价值再创造的过程。从工程角度来看，网络系统集成包括 3 个层面——技术集成、产品集成和应用集成，如图 1-1 所示。

（1）技术集成的需要。各种计算机网络技术（如以太网技术、网络接入技术、光以太网通信技术等）的快速发展使得网络技术体系更加纷繁复杂，导致建网单位、普通网络用户和一般技术人员难以掌握和选择。这就要求必须有一种角色能够熟悉各种网络技术，能完全从客户应用和业务需求入手，充分考虑技术发展的变化，去帮助用户分析网络需求，根据用户需求特点去选择所采用的各项技术，为用户提供解决方案和网络系统设计方案，这个角色就是系统集成商。

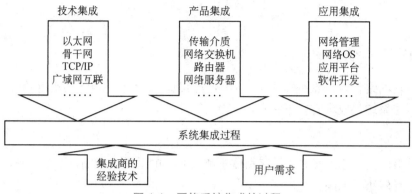

图 1-1　网络系统集成的过程

（2）产品集成的需要。每一项技术标准的诞生，都会带来一大批丰富多样的产品，而每个公司的产品都自成系列且有着功能和性能上的差异。事实上，几乎没有一个专业网络公司能为用户解决从方案到应用的所有问题。系统集成商则不同，它会根据用户的实际应用需要和费用承受能力，为用户进行软硬件设备选型与配套工程施工等产品集成。

（3）应用集成的需要。用户的需求各不相同、各具特色，产生了很多面向不同行业、不同层次的网络应用，如 Intranet、Extranet、Internet 应用，数据、语音、视频一体化等。这些不同的应用系统，需要不同的网络平台。这就需要系统集成技术人员用大量的时间进行用户调查、分析应用模型、反复论证方案，以使用户能够得到一体化的解决方案，并付诸实施。

1.1.2　网络系统集成的复杂性

网络系统集成技术和产品集成涉及不同的标准和行业规范，其复杂性体现在 4 个方面——技术、成员、环境和约束，如图 1-2 所示。技术方面的复杂性涉及网络技术、硬件技术、软件技术和施工技术。成员方面复杂性体现在系统用户、系统集成商、第三方人员和社会评价人员，需要照顾到各方的意见和利益。环境方面的复杂性涉及应用环境的不确定性，环境条件的改变、系统升级的需求、网络面临的攻击和危险。约束方面的复杂性涉及资金约束、施工时间约束、政策约束和管理约束等。

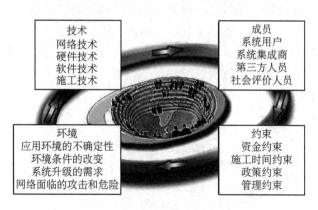

图 1-2　网络系统集成的复杂性体现

1.1.3　网络系统集成的优点

目前，在网络行业，系统集成是一个热门话题。从技术、经济、实用性或时间效益的角度看，网络系统集成具有以下特点。

1. 较高的质量水准

选择具有一流技术水平、质量鉴别体系和资质高的系统集成商，能够保证系统的质量，使得用户承受较小的风险。

2. 网络系统建设速度快

由多年从事系统集成的专家和配套的项目组进行集成，他们有畅通的设备供货渠道，富有处理用户关系的经验，能加快系统建设的速度。

3. 交钥匙解决方案

全权负责处理所有的工程事宜，使用户能够将注意力放在系统的应用要求上。

4. 标准化配置

系统集成商采用他们认为成熟和稳妥的方案，使得系统维护及时、成本较低。

可见，网络系统集成是目前建设网络信息系统的一种高效、经济、可靠的方法。它既是一种重要的工程建设思想，也是一种解决问题的思想方法论。

1.1.4　网络系统集成的基本过程

网络系统集成是一项综合性很强的系统工程，其实施的全过程包括商务、管理和技术三大方面的行为，这些行为交替或混合地执行，需要用户（客户）、系统集成商、产品生产商、供货商、应用软件开发商、施工队以及工程监理等各种人员的相互配合。

通常，从技术层面，按时间推移，将网络系统集成过程粗略分为网络需求分析、逻辑网络设计、物理网络设计、网络安装与调试、网络验收与维护等，如图 1-3 所示。这一划分方法指出了设计和实现网络系统的阶段划分和各阶段之间的联系，体现了系统化的工程方法，方便了设计和施工，同时强调了技术文档的作用，各部分的反馈联系给出了网络工程实施的灵活性和适应性，同时具有加快网络系统建设速度、分工明确、职责清晰、提供交钥匙解决方案，实现标准化配置所选取的设备，以及建设方法具有开放性等特点。下面对网络系统集成过程的各项任务进行介绍。

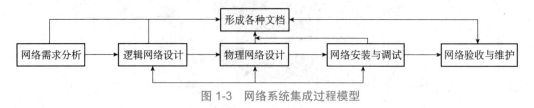

图 1-3　网络系统集成过程模型

1. 网络需求分析

网络需求分析用来确定该网络系统要支持的业务、要完成的网络功能、要达到的性能等。需求分析的内容涉及三个方面：网络的应用目标、网络的应用约束、网络的通信特征。这需要全面细致地勘察整个网络环境。网络需求包括：网络应用需求、用户需求、计算机环境需求、网络技术需求。

2. 逻辑网络设计

什么是逻辑设计？可以用生活中做一双布鞋为例，给出类似的比喻。假设要为某一个人做一双布鞋，则先照他的脚画个"鞋样"，这个形成"鞋样"的过程就是逻辑设计。逻辑设计主要包含四个步骤：确定逻辑设计目标、网络服务评价、技术选项评价、进行技术决策。逻辑网络设计需要确定的内容有：网络拓扑结构是采用平面结构还是采用三层结构，如何规划 IP 地址，采用何种路由协议，采用何种网络管理方案，以及在网络管理和网络安全方面的考虑。

3. 物理网络设计

什么是物理网络设计？用生活中做布鞋的例子来比喻，就是根据"鞋样"去做鞋子，选择鞋底、鞋面材料，并按工序制作鞋子。物理网络设计涉及网络环境的设计、结构化布线系统设计、网络机房系统设计、供电系统的设计，以及具体采用哪种网络技术，网络设备的选型，选用哪个厂商生产的哪个型号设备。

4. 网络安装与调试

网络安装与调试是依据逻辑设计和物理设计的结果，按照设备连接图和施工阶段图进行组网。在组网施工过程中进行阶段测试，整理各种技术文档资料，在施工安装、调试及维护阶段做好记录，尤其要记录下每次出现和发现的问题是什么，问题的原因是什么，问题涉及哪些方面，解决问题所采用的措施和方法，以后如何避免类似问题的发生，为以后建设计算机网络积累经验。

5. 网络验收与维护

网络验收与维护的主要工作内容是：给网络节点设备加电，并通过网络连接到服务器运行网络应用程序，对网络是否满足需求进行测试和检查。

1.1.5　网络系统集成的体系结构

要想真正地帮助用户实现信息化，必须深入了解用户的业务和管理，建立网络系统集成体系框架和模型，并根据应用模型设计切实可行的系统方案并加以实施。网络系统集成的体系框架用层次结构描述了网络系统集成涉及的内容，目的是给出清晰的系统功能界面，反映复杂网络系统中各组成部分的内在联系，如图 1-4 所示。

1. 环境支持平台

环境支持平台是指为了保障网络系统能够安全、可靠、正常运行所必须采取的环境保障措施，主要考虑计算机网络的结构化布线系统、机房和电源等环境问题。

图 1-4　网络系统集成体系架构

2. 计算机网络平台

计算机网络平台主要包括开放的 TCP/IP 网络通信协议、网络传输基础设施、网络通信设备、网络服务器硬件、操作系统和与外部信息互联互通的基础设施。

3. 应用基础平台

Internet/Intranet 基础服务是指建立在 TCP/IP 协议基础和 Internet/Intranet 体系基础之上，以信息沟通、信息发布、数据交换和信息服务为目的的一组服务程序，包括电子邮件（E-mail）、WWW、文件传输（FTP）和域名系统（DNS）等服务。

4. 信息系统平台

信息系统平台容纳各种应用服务，直接面向网络用户。可以选用成熟的网络应用软件，也可以开发适用的应用软件，如用于学校的教学管理系统、企业的 OA 系统等。

5. 网络管理平台

网络管理平台根据所采用网络设备的品牌和型号的不同而有所区别，但大多数都支持 SNMP，其建立在 HP Open View 网关平台的基础上。为了网络管理平台的统一管理，在组建一个网络时，尽量使用同一家网络厂商的产品。

6. 网络安全平台

网络安全贯穿于系统集成体系架构的各个层次。网络的互通性和信息资源的开放性都容易被不法分子利用，随着网络应用的不断增长，使得网络安全更引人关注。作为系统集成商，在网络方案中一定要给用户提供明确的、翔实的解决方案。网络安全的主要内容是防止信息泄露和防范恶意攻击者入侵。

1.1.6　网络系统集成的主体结构

网络工程建设是一项复杂的系统工程，工程建设通常有多个主体参与。其主要的主体包括需要建设计算机网络的单位、网络工程设计单位、网络工程施工单位和工程监理单位等。因为网络工程建设不是简单的设备连接，而是一个技术再开发的过程，所以网络工设计单位和施工单位通常是同一个单位。一般的网络工程采用"三方结构"模型，即网络工程甲方、网络工程乙方和网络工程监理方，如图 1-5 所示。

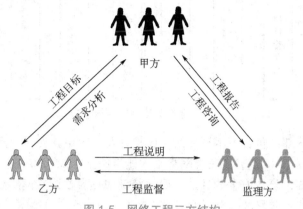

图 1-5　网络工程三方结构

1．网络工程甲方

网络工程甲方是需要建设计算机网络的单位，也称用户，是计算机网络工程的提出者和投资方，如校园网工程中的学校。甲方的人员组成主要包括行政联络人和技术联络人。行政联络人是甲方的工程负责人，一般由甲方的行政领导担任，负责甲方的组织协调工作。技术联络人是甲方的工程技术负责人，负责工程中的相关技术问题，乙方和监理方可以与甲方技术联络人协调。甲方的职责是编制标书、组织招标和投标、监督工程、组织专家对计算机网络工程进行可行性方案论证等。

2．网络工程乙方

网络工程乙方是计算机网络工程的承建者。例如，校园网由 A 公司承建，则 A 公司就是网络工程乙方。有时候，由于网络工程的量比较大，可以由多个公司共同承担网络工程的建设任务，则此时就存在多个乙方。乙方的主要职责是编制投标书、签订工程合同、进行用户需求调查、规划设计、制订实施计划、产品选型、系统集成和合同规定的其他工作等。

（1）经销商、系统集成商、开发商。经销商是指从事一家或数家专业厂商网络产品的增值代理商、分销商或外商的直接分支代表机构，它们仅对其代理的网络产品提供市场推广、营销、售后技术支持等服务。系统集成商是网络系统集成的主要角色，一般都有着丰厚的财力和雄厚的技术力量。而应用开发商则以开发、销售软件为主。

（2）系统集成商的组织结构。一个功能完善的系统集成公司有 20～100 名员工，并划分成几个部门，如图 1-6 所示。

①项目管理部：解决系统集成项目的非技术性问题，责任人为项目经理，主要负责系统集成项目的目标订立、项目规划、项目跟踪、变更控制、项目复审、项目保证、费用估算、风险评测、项目分包和项目验收等工作。

②系统集成部：解决系统集成项目的技术性问题，如网络需求调查分析、网络建设方案设计、网络设备选型、网络设备的安装与调试、网络维护管理、网络应用平台构筑和网络工程测试等。

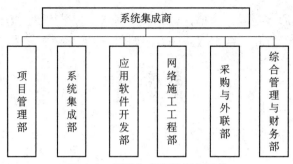

图 1-6　系统集成商的组织机构

③应用软件开发部：负责应用软件的设计与开发，应用软件疑难问题的分析处理等。

④网络施工工程部（可选）：负责网络土木建筑施工、综合布线等，也可外包。

⑤采购与外联部：除政府采购外，一般系统集成项目都附带网络及资源设备的采购。系统集成项目能不能获取好的收益，全靠这个部门。

⑥综合管理与财务部：综合管理人员主要负责文秘、接待、宣传推广等事务工作，为公司提供后勤保障；财务人员配合项目管理部完成系统项目的费用概算、账目处理、账务结算等日常财务管理。

（3）成为合格系统集成商的必备条件。要成为一个合格的网络系统集成商，应该具备下列条件。

①具备承担网络系统的分析与设计、软硬件设备选型、工程项目组织管理与协调、系统安装调试与维护的能力。

②有一支从事网络系统集成的高水平技术队伍。网络系统集成不是一个公司或几个人就能做的，它需要拥有一批高水平的专业技术人员，而且要有一定的工程经验。

③具备完善的网络系统集成调试环境及设备。

④有完成网络系统工程建设的经验和业绩。这是网络建设单位最感兴趣的资质。

⑤有充足的资金支持。一般来讲，一个系统集成项目在签约后，系统集成商投资的额度达项目资金总额的50%～80%，而且工程周期长，在这个过程中要花费大量的人力、物力，这就要求系统集成商具有很强的经济实力。

（4）系统集成资质等级评审条件。计算机系统集成商要想获得网络工程项目的建设，必须取得相应的系统集成资质。目前，计算机信息系统集成资质分为4个等级，在招标、投标过程中对乙方的资质均有明确规定。

①一级资质：具有独立承担国家级、省（部）级、行业级、地（市）级（及其以下）、大中小型企业级等各类计算机信息系统建设的能力。

②二级资质：具有独立承担省（部）级、行业级、地（市）级（及其以下）、大中小型企业级或合作承担国家级的计算机信息系统建设的能力。

③三级资质：具有独立承担中小型企业级或合作承担大型企业级（或相当规模）的计算机信息系统建设的能力。

④四级资质：具有独立承担小型企业级或合作承担中型企业级（或相当规模）的计算机信息系统建设的能力。

3. 网络工程监理方

网络工程监理的目的是帮助用户建设性价比最高的网络系统，在网络工程建设的过程中为用户提供前期咨询、网络方案论证、确定系统集成商、网络质量控制等服务。提供工程监理服务的机构就是监理方，工程监理方的人员组织包括总监理工程师、监理工程师、监理人员等。网络工程监理方的主要职责是帮助用户做好需求分析、选择好的系统集成商、控制工程进度、控制工程质量、做好各项测试工作。

任务实施

1. 网络需求分析。
2. 规划拓扑结构。
3. 选择网络技术。
4. 确定互联方式。
5. 规划 IP 地址。
6. 选择网络设备。
7. 网络系统实施。
（1）订购网络产品。
（2）设备安装调试。
（3）整理技术文档。

1.1 任务实施

任务评价

根据任务完成情况，简明扼要地填写任务评价表，并将相关截图上传。

1.1 任务评价

归纳总结

本单元是总领全书的一个概述性章节，主要介绍了网络系统集成的概念、特点、工作内容、实施步骤和体系结构，以及申请网络系统集成资质的条件和成为合格网络系统集成商的必备条件。通过本单元的学习，读者可以了解和掌握网络系统集成的主要工作，对网络系统集成工作任务有一个总体性的了解和把握。

在线测试

本任务测试习题包括填空题、选择题和判断题。

1.1 在线测试

技能训练

小李家中有 3 台计算机，一台台式机和两台笔记本电脑，运行的操作系统是 Windows 10，配有 10/100/1000Mb/s 的以太网网卡，并且已通过某电信公司的 ADSL 接入 Internet。

小李的需求如下：

（1）将 3 台计算机连接起来，能够实现硬件资源的共享（如共享打印机）。

（2）能够共享数据资源，并且能够相互访问。

（3）要求能玩简单的网络游戏。

（4）能够同时上网。

请根据小李的需求，设计出合理的网络解决方案。

1.2　分析企业网络安全需求

任务场景

　　某知名外企 ABC 公司步入中国，在重庆建设了自己的中国总部。为满足公司经营、管理的需要，准备建立公司信息化网络。ABC 公司总部设有市场部、财务部、人力资源部、企划部 4 个部门，并在上海、广州两地各设立一个公司分部。为了业务的开展，需要安全访问公司内部服务器。根据 ABC 公司的建网需求，在经过竞争激烈的招投标后，从事网络工程及系统集成业务的川海高新技术有限公司承接了 ABC 公司网络组建项目，目前进入了项目的启动阶段。按照 ABC 公司网络的设计要求，为了确保网络部署成功，需要分析用户需求、网络设备选型，并制定项目实施流程。

任务布置

1. 通过实地调查收集相关需求数据。
2. 对目标网络需求进行分析。
3. 制定任务实施步骤。
4. 形成网络安全分析文档。

知识准备

1.2.1　网络需求分析与网络需求调查的必要性

　　网络需求调查与网络需求分析是推动网络工程建设项目的基本动力，在网络系统集成过程中是必需的。在进行网络需求调查时需要考虑诸多方面的问题，如谁可以提供需求、如何获取需求、收集网络中的哪些需求等。网络需求调查的结果会直接影响网络需求分析，可能带来重复工作、延误工期或资金超支等不利后果。

　　1. 网络需求调查要解决的问题

　　网络需求调查主要解决以下几个方面的问题。

　　（1）建网动因：回答为什么需要进行相关的网络设计，可以从管理、生产、科研、经营、政治、行政命令、时间方面的需求等来进行回答。

（2）应用需求：所建设的网络应包括传统的通用网络系统、与业务/生产/管理相关的应用系统，以及需要解决的具体实际问题。

（3）网络覆盖范围：包括地理范围、使用者范围和数量，主要回答网络有多大。

（4）建网约束条件：包括政策性条件、规范性约束条件，即定量条件、定性条件和经费约束条件等。

（5）内外网通信条件：回答目前已有或可用的通信条件，目前状况如何。

2. 网络需求调查为网络需求分析提供基本素材

在项目开始阶段用户常常不知道它们的真正需求，开发者也不知道。另外，需求本身是一个动态的过程，离开了能动的、变化的系统进程而空谈需求，无异于纸上谈兵。需求调查恰如裁缝的量体裁衣，它直接关系到最终产品的成形，如果一个产品满足了用户的需求，那么无疑是成功的。用户所提出的"需要"特性并不总是与用户利用新系统来处理它们的任务时所需的功能相等价。当收集到用户的意见后，必须分析、整理这些意见，直到理解为止，并把理解的内容写成文档，然后与用户一起探讨，这是一个反复的过程，并且需要花费大量时间。

3. 网络需求分析为项目设计提供基本依据

网络需求分析有助于网络设计人员更好地理解网络应用应该具备什么功能和性能，最终设计出符合用户需求的网络。网络需求分析为网络设计人员提供以下依据：

（1）更好地评价网络体系。
（2）能够客观地做出决策。
（3）提供完美的交互功能。
（4）提供网络的移植功能。
（5）合理使用用户的资源。

1.2.2　网络需求调查方法和调查内容

需求调查与分析的目的是从实际出发，通过现场实地调查，收集第一手资料，取得对整个项目的总体认识，为项目总体规划设计打下基础。初学者认为，获取需求信息的手段无非是调查研究，多问多看即可，但实际情况是系统设计人员与被调查人员之间的沟通交流都可能被对方误解，因此网络工程设计人员必须掌握有效的网络需求调查方法和内容。

1. 需求来源

网络工程技术人员通过以下几个途径获取网络需求信息。

（1）决策者的建设思路：一个项目成功实施的关键，是要首先了解决策者对网络建设的需求，包括网络扩展问题、核心功能问题。

（2）用户提供的历史资料、行业资料和使用状况等资料：一般性的行业需求是方案设计人员应该具备的知识，用户没有耐心详细说明本行业的基本信息；特殊行业有特殊要求，包括一些相关政策，如政府机关中的网络，涉及国家机密的计算机物理上不可与 Internet 连接。

（3）用户技术人员的细节描述：未来网络系统技术指标的来源。

（4）网络使用者对网络的需求：这部分用户对网络技术不会很了解，但是他们的需求应该是最基本、最直接的，也应该尽可能满足。

2. 需求调查的方法

在进行需求调查前，首先制订好调查计划和调查表，然后采用以下方法进行需求调查。

（1）会议和座谈：主要是方案设计人员和用户方的相关人员，包括决策者和技术人员，在一起商讨确定网络的规划，出示书面记录，作为日后方案评估的依据。

（2）问卷调查：问卷调查通常对数量较多的最终用户提出，询问其对将要建设的网络应用的要求。问卷调查的方式可以分为无记名问卷调查和记名问卷调查。一般都是无记名问卷调查。记名问卷调查通常是因为建设网络必须了解用户的身份。

（3）用户访谈：用户访谈要求工程设计人员与招标单位的负责人通过面谈、电话交谈、电子邮件等方式以一问一答的形式获得需求信息。最好的方法是事先由对方给出一份初步的意见书，然后双方针对意见书中的条款进行磋商。

（4）实地考察：实地考察是工程设计人员获得第一手资料所采用的最直接的方法，也是必需的步骤。

（5）向同行咨询：将获得的需求分析中不涉及商业机密的部分发布到专门讨论网络相关技术的论坛或新闻组中，请同行在网上提供参考和帮助。

3. 需求调查的内容

需求调查的内容涉及一般状况调查、性能需求调查、功能需求调查、应用需求调查和安全需求调查等五部分。在调查时，要求从事调查的工程人员对所负责的设计部分有全面的技术和功能需求的掌握。调查的对象因不同的调查项目可能会有所不同，各种需求调查不仅要从当前实际需要出发，还要了解未来发展的潜在需求状况。

（1）一般状况调查。一般状况调查包括用户网络系统使用环境、企业组织结构、地理分布、发展状况、行业特点、人员组成及分布、现有可用资源、投资预算和用户的期望目标等。表1-1列出了几个可供参考的调查项目，调查人员可根据此表对网络管理员、项目负责人、企业总裁等相关人员进行调查。

表 1-1　一般状况调查表

调查项目	调查结果	受调查人签名
企业组织结构（建议到具体功能）		
地理分布（包括各主要部分面积）		
人员组成及分布（包括各部门的人员和位置分布）		
外网连接（外网连接的类型和方式）		
行业特点		
发展状况（分为当前和未来3～5年两个方面）		
现有可用资源（包括设备资源和数据资源两部分）		
投资预算（主要部分的细化预算）		
用户的期望目标		
其他项目调查		

（2）性能需求调查。网络性能是指该系统完成任务的有效性、稳定性和响应速率。系统性能需求调查决定了整个系统的性能档次、所采用的技术和设备档次。性能需求涉及很多具体方面，有总体网络接入方面的性能需求、关键设备（交换机、路由器和服务器等）的响应性能需求、磁盘读写性能要求等。表 1-2 为性能需求调查表，可根据具体的部门进行，也可直接调查网络管理员或项目负责人。

表 1-2　性能需求调查表

部　门	主职工作	调查项目	需求描述	受调查人签名
		接入速率需求（包括广域网接入速率要求，分不同关键点说明）		
		扩展性需求（从网络结构、服务器组件配置等方面说明）		
		吞吐速率（分不同关键点说明）		
		响应时间（分不同关键点说明）		
		并发用户数支持（对不同服务系统写出具体需求）		
		磁盘读写性能（指出所用磁盘类型和陈列级别）		
		可用性（指出具体部分的可用性需求）		
		误码率（主要指广域网的需求，局域网中主要针对关键应用节点）		
		其他需求		

（3）功能需求调查。网络系统的功能需求调查主要侧重于网络自身的功能，而不包括应用系统。网络自身功能仅指基本功能之外的那些比较特殊的功能，如下所述。

①是否配置网络管理系统、服务器管理系统、第三方数据备份和容灾系统、磁盘阵列系统、网络存储系统、服务器容错系统。

②是否需要多域或多子网、多服务器。

③更多的网络功能需求还体现在具体的网络设备上，如硬件服务器系统，可以选择的特殊功能配置（包括磁盘阵列、内存阵列、内存镜像、服务器集群等）。表 1-3 列出了一些在调查中应注意的主要网络功能需求。

表 1-3　功能需求调查表

功能需求项目		原网络使用情况	新系统的具体需求	受调查人签名
是否需要网络管理系统				
是否需要服务器管理系统				
是否需要第三方数据备份和容灾系统				
是否需要网络存储系统				
是否需要服务器容错系统				
是否需要多域系统				
是否需要多子网系统				
是否需要多个域控制器				
用户共享上网方式和控制级别				
服务器特殊功能需求	是否支持内存镜像和阵列			
	初始磁盘块数和容量配置			

（续表）

功能需求项目		原网络使用情况	新系统的具体需求	受调查人签名
服务器特殊功能需求	磁盘阵列类型和级别			
	是否支持服务器集群			
	服务器集群类型			
	其他功能需求			
交换机特殊功能需求	第3层路由			
	VLAN			
	QoS			
	第7层应用协议支持			
	Web 管理			
	其他功能需求			
路由器特殊功能需求	数据交换			
	网络隔离			
	流量控制			
	身份认证			
	数据加密			
	Web 管理			
	其他功能需求			

（4）应用需求调查。在一定程度上，需求决定一切，所以在组建新网络或改造原有网络前一定要了解企业当前乃至未来3～5年内的主要网络应用需求。应用需求调查项目主要包括如下几个方面。

①期望使用的操作系统、办公系统、数据库系统是哪些？是否有很多打印和传真业务？

②主要的内部网络应用有哪些？是否需要使用公司内（外）部的邮件服务？

③是否需要用到公司内（外）部网站服务？

④是否需要用到一些特定的行业管理系统？

应用需求调查的通常做法：由网络工程技术人员和网络用户在调查基础上填写应用需求调查表。设计和填写应用调查表要注意的是"该粗的粗，该细的细"，如涉及应用开发的要"细"，而不涉及应用开发的要"粗"，不要遗漏用户的主要需求。表1-4列出了以部门为单位，部门负责人或具体应用人员为被调查对象的主要调查项目。

表1-4 应用需求调查表

部　　门	调查项目	当前及未来3～5年的应用需求	受调查人签字
	期望的操作系统		
	期望的办公系统		
	期望的数据库系统		
	打印、传真和扫描业务		
	邮件系统的主要应用		
	网站系统的主要应用		

（续表）

部　门	调查项目	当前及未来 3～5 年的应用需求	受调查人签字
	内网的主要应用		
	外网的主要应用		
	所有的应用系统及要求		
	其他应用需求		

（5）安全管理需求调查。

①管理需求调查。通常，网络管理的功能主要体现在配置管理、故障管理、性能管理、安全管理和记账管理等几个方面。这些功能在进行需求调查时应加以考虑，但是，由于网络的大小和复杂程度不同，这些功能仅在某种程度上是有用的。大多数的网络需要远程管理，现在已经有很多软硬件产品支持简单的网络管理协议（SNMP），因此，在进行需求调查时，要考虑网络管理系统需要做的工作和系统的自动化程度。

表 1-5 详细描述了这些任务，由网络设计人员、网络管理员、工程师、操作人员、技术人员和桌面维护人员实施。

表 1-5　管理需求表

设计和优化	实施和更新	监控和诊断
定义数据采集	安装	确定阈值
建立基线	配置	监控异常现象
趋势分析	IP 地址管理	管理问题
响应时间分析	操作数据	验证问题
容量计划	安全管理	排除
获得	审计和记账	旁路和解决问题
拓扑结构设计	资产和库存管理	
	用户管理	
	数据管理	

②安全需求调查。随着网络规模的扩大和开放程度的增加，网络安全问题日益突出，人们对安全性的需求已从一个组织延伸到另一个组织。有的组织对系统的安全性要求很高，如政府代理机构或银行系统往往需要相当高的保密性，这些组织必须要有高质量的安全策略来管理信息的读写操作。表 1-6 为安全需求表。

表 1-6　安全需求表

类　别	网络安全需求
安全类型	
Internet 安全	
数据完整性	

1.2.3 网络需求分析

在进行网络需求调查后，从用户管理人员和管理代表那里获得了大量数据。这些独立的需求含有很多信息，需对这些信息进行整理、分析加工，否则它只是一堆数据，显示不出用处。网络系统设计人员对用户需求的理解程度，很大程度上决定了网络系统建设的成败。例如，在为一个公司架设 Web 服务器时，站点的所有功能都实现了，本地测试也没有什么问题，但是如果不知道客户的系统每天要承受 100 万独立 IP 地址的访问，而认为只有 1 万独立 IP 地址的访问流量，则这样的设计就是一个"灾难"。需求分析关注的是"做什么"而不是"怎么做"。因此，网络系统设计人员在网络系统建设初期应该对网络环境需求、网络业务需求、网络管理需求、网络安全需求、外部联网需求、网络扩展性需求等几个方面的问题进行深入的分析。

1. 网络环境需求分析

网络环境需求是对企业的地理环境和人文布局进行实地勘察以确定网络规模、地理分布，以便在拓扑结构设计和结构化综合布线设计中做出决策。网络环境需求分析需要明确下列指标：

（1）网络系统建设涉及的物理范围的大小。

（2）网络建设区域建筑群的位置及它们相互间的距离，公路隔离，电线杆、地沟和道路状况等。

（3）每栋建筑物的物理结构：楼层数，楼高，建筑物内的弱电井位置、配电房位置，建筑物的长度与宽度，各楼层房间分布、房间大小及功能等。

（4）各部分办公区的分布情况。

（5）各工作区内的信息点数目和布线规模。

（6）现有计算机和网络设备的数量配置及分布情况。

2. 网络业务需求分析

网络业务需求分析的目标是明确企业的业务类型、应用系统软件种类以及它们对网络功能指标（如带宽、服务质量）的要求。业务需求是企业建网中的首要环节，是进行网络规划与设计的基本依据。网络业务需求分析主要为以下决策提供依据。

（1）确定需要联网的业务部门及相关人员，了解各个工作人员的基本业务流程以及网络应用类型、地点和使用方法。

（2）确定网络系统的投资规模，预测网络应用的增长率（确定网络的伸缩性需求）。

（3）确定网络的可靠性、可用性及网络响应时间。

（4）确定 Web 站点和 Internet 的连接性。

（5）确定网络的安全性及有无远程访问需求。

3. 网络管理需求分析

网络的管理是企业建网不可缺少的方面，网络是否能按照设计目标提供稳定的服务，主要依靠有效的网络管理，高效的管理策略能提高网络的运营效率。因此，在建网之初就应该重视这些策略。网络管理需求分析要回答以下问题：

（1）是否需要对网络进行远程管理，远程管理可以帮助网络管理员利用远程控制软件管理网络设备，使网管工作更方便、更高效。

（2）谁来负责网络管理。

（3）需要哪些管理功能，如是否需要计费，是否要为网络建立域，选择什么样的域模式等。

（4）选择哪个供应商的网管软件，是否有详细的评估。

（5）选择哪个供应商的网络设备，其可管理性如何。

（6）需不需要跟踪和分析处理网络运行信息。

4. 网络安全需求分析

网络安全的目标是使用户的网络财产和资源损失最小化。网络系统设计人员需要了解用户业务的安全性要求，同时又需要在投资上进行控制，提供满足用户要求的解决方案。对于用户来说，安全性的基本要求是防止用户网络资源被盗用和破坏，因此网络安全需求分析要明确以下内容：

（1）企业敏感性数据的安全级别及其分布情况。

（2）网络用户的安全级别及其权限。

（3）可能存在的安全漏洞，这些漏洞对本系统的影响程度如何。

（4）网络设备的安全功能要求。

（5）应用系统安全要求。

（6）采用什么样的杀毒软件。

（7）采用什么样的防火墙技术方案。

（8）网络遵循的安全规范和达到的安全级别。

5. 外部联网需求分析

外部联网需求分析涉及以下内容：

（1）是否接入 Internet，内网与外网是否需要隔离。

（2）采用哪种上网方式。

（3）与外部网络连接的带宽要求。

（4）是否要与某个专用网络连接。

（5）上网用户权限如何，采用何种收费方式。

6. 网络扩展性需求分析

网络的扩展性有两层含义：一是指新的部门能够简单地接入现有网络；二是指新的应用能够无缝地在现有网络上运行。网络扩展性需求分析要明确以下内容：

（1）企业需求的新增长点。

（2）已有的网络设备和计算机资源。

（3）哪些设备需要淘汰？哪些设备还可以保留？

（4）网络节点和布线的预留比率。

（5）哪些设备（是否模块化结构）便于网络扩展？

（6）主机（CPU 的数量、插槽数量、硬盘容量等）设备的升级性能。

（7）操作系统（升级方式）平台的升级性能。

（8）所采用的网络拓扑结构是否便于添加网络设备、改变网络层次结构？

1.2.4 网络安全系统集成实例

1. ABC 公司网络建设概述

ABC 公司是一家从事电子产品研发、销售电子零部件为主的高新技术企业，公司的总部设在重庆，在上海、广州各有一个分部。公司总部设有市场部、财务部、人力资源部、企划部 4 个部门，负责产品的研发、公司的营运管理等；上海分部设有财务部和销售部，负责大陆的产品销售和渠道拓展；广州分部负责港澳地区的产品销售和渠道拓展。

计算机网络在 ABC 公司的业务开展中扮演着非常重要的角色，所有的业务数据全部通过计算机处理，并通过网络在总部和分部之间传递，对网络的可靠性、传递业务数据的安全性有很高的要求。为了使 ABC 公司能适应公司规模的不断扩大和业务的不断拓展，以及员工数量的不断增多和信息应用系统的不断增加，并在未来的几年时间内保持技术的先进性和实用性的需要，公司要求分两期建设网络信息系统。一期工程要求在项目的规划和实施中采用先进的计算机、服务器、网络设备以及系统管理模式，实现公司内部所有资源的合理应用和完善管理，使所有员工都能方便地使用公司内部网络，并能安全、高效地访问公司内部的网络应用服务和 Internet。

2. ABC 公司网络整体需求

ABC 公司决定对当前的总部和分部的办公网络进行建设，以提高公司的办公效率，并降低公司的营运成本。为此召开了信息化建设会议，讨论公司网络建设目标及其他一些细节，得出以下具体需求：

（1）公司网络按照部门进行网段划分，同时保证部门间的广播隔离。

（2）在网络带宽需求方面，确保网络带宽主干千兆位，百兆位到桌面。

（3）在公司的局域网内部，对于网络可靠性要求比较高的部门，其网络必须要有冗余机制，避免单点故障而导致全网瘫痪。而这种冗余机制，对用户要求透明，即不能为了提高网络可用性而增加终端用户的使用难度。

（4）公司网络所有用户能接入 Internet，以保证公司用户通过互联网进行资料查询，将公司内部的公共服务器发布到公网上，以便公网用户随时访问，提高公司的外部形象。

（5）公司总部和分部内网运行动态路由协议，并且要求能实现网络互通。

3. ABC 公司网络功能分析

结合 ABC 公司用户单位的信息及网络需求进行网络功能分析，即可确定网络应具备的功能及涉及的协议，具体如下：

（1）为了做到总部和分部各部门二层隔离，需要在交换机上划分 VLAN。

（2）为了保障二层链路的冗余和负载均衡，需要在交换机上配置 MSTP 协议。

（3）为了实现网络三层链路的冗余和负载均衡，需在交换机上使用 VRRP 协议。

（4）为了提高网络收敛速度，保障核心网络链路带宽，实现流量的负载均衡，需在核心层交换机上做链路聚合。

（5）因公司网络规模较小，总部和分部的内部网络均采用 RIPv2 协议，用于建立通往内部网络中各个子网的传输路径的路由项。

（6）公司总部和两个分部这三部分通过路由器相连，使用 OSPF 协议用于建立隧道两端经过公共网络的传输路径和内网用户访问 Internet 的传输路径。

（7）为减少广播包对网络的影响，分部网络进行了 VLAN 的划分，使用单臂路由技术实现 VLAN 间的路由。

（8）总部和分部使用 NAT 技术，实现内部用户访问互联网资源，并且为了保障网络资源的合理利用，需要内部用户只能在工作日的上班时间才能访问互联网。

4. ABC 公司网络工程设计

网络工程设计就是要明确采用哪些技术规范，构筑一个满足哪些应用需求的网络系统，从而为用户要建设的网络系统提供一套完整的实施方案。典型的网络工程设计过程包括用户需求分析、逻辑网络设计、物理网络设计、网络部署、网络调试和验收，如图 1-7 所示。

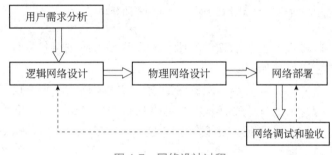

图 1-7　网络设计过程

图 1-7 中所示的过程中各个任务往往是迭代循环过程：每个任务为下一任务提供基础，但当前步骤发现问题时，往往需要回溯到上一步，重新改进，直到问题解决。前面已对网络的用户需求进行了详细分析，接下来对网络工程设计过程的后续任务进行介绍。

1）逻辑网络设计

（1）网络拓扑结构设计。目前，绝大多数企业网络采用的是以交换技术为主的经典三层网络架构，由核心层、汇聚层和接入层三个层面组成，各层分别实现不同的业务功能。考虑网络规模的大小、业务的多样性、功能区的划分等多种因素，尽量简化网络层次，使网络趋近扁平，采用紧缩的二层结构。该架构模式并非必须或一定就是物理连接层次上的减少，而是指网络逻辑层次的简化。它将传统三层架构各个层次模糊的功能区分清晰化，实现了核心业务控制层和网络接入层的分离，实现用户、业务控制的集中化。其中，核心层作为整个网络的控制层，提供集中的管理和业务控制，要求设备性能足够强大；从接入层直接到核心层之间的设备都是使用二层功能。

由于 ABC 业务部门较多，同时还涉及与各分支机构的互联，从网络架构的合理性及易管理性方面考虑，整个 ABC 公司的网络应根据各种应用的功能进行分区域规划设计。在图 1-8 所示的网络拓扑结构中，所采用的分区域规划设计策略划分出了核心交换区域、网络出口区域、办公接入区域、内部服务器区域等。

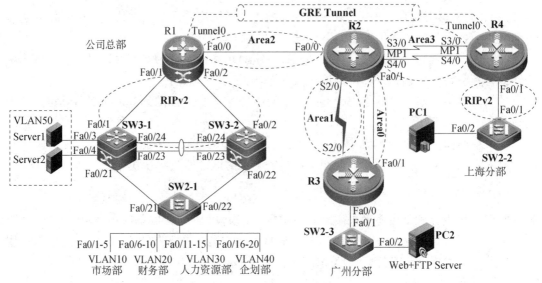

图 1-8　ABC 公司网络拓扑结构

　　这种模块化的区域设计便于后期的运维管理及提高系统的可扩展性，图 1-8 所示的网络拓扑结构具有的独特优势如下。

　　①公司总部网络采用了双核心、双链路的设计方案，提供了核心层设备冗余和链路冗余（即存在两台互为冗余的核心交换机，核心交换机与出口路由器之间存在冗余链路，并且每台核心交换机与其他接入层网络设备都存在冗余链路），增强了整个网络平台的高性能、高可靠性和高稳定性。

　　②消除了核心层网络的单点故障，提高了网络的可用性，增强了用户对网络造成风险的容忍度。由于两台核心交换机之间使用了虚拟路由器冗余协议（VRRP），对于默认网关设为 VRRP 虚拟 IP 地址的网络终端（如计算机）而言，当任何一台核心交换机失效之后，另外一台核心交换机仍可以处于工作状态，因此任何一台核心设备的失效都不会导致网络瘫痪。

　　③两台核心交换机之间形成了以太网链路聚合通道，可以通过该通道支持负载分担来提高核心层网络的高速转发性能，并且和 VRRP 结合还可以实现负载均衡。

　　④从路由层面考虑，路径选择比较灵活，可以有多条备选路径，且易于实现网络流量的负载均衡。由于每台核心交换机与上一级网络的路由器之间都存在两条链路，所以如果两条链路的带宽相同，就可以采用 RIPv2 等路由协议实现等开销路径上的负载均衡，也可以采用策略路由技术来分摊网络流量。

　　⑤网络出口区域通过路由器连接 ISP 网络，易于实现广域网链路故障自动切换的设计，大大提高了网络出口的可用性。

　　（2）IP 地址规划。由于要按照部门进行逻辑网段的划分，而且每个部门的员工数量并不相同，因此要求使用 VLSM 技术划分子网。这样做的目的是，一方面确保子网的大小能够符合相应部门或连接对 IP 地址的需求，另一方面又尽量避免 IP 地址的浪费。

（3）交换策略。由于要按照部门进行逻辑网段的划分，需在接入层交换机进行 VLAN 的划分，在核心层交换机上进行 VLAN 间的路由设置。对于有较高带宽要求的部门，为确保链路带宽能够满足需求，可以考虑使用 LACP 协议将多条物理链路聚合成一条逻辑链路，以增加链路的带宽。对于网络的可靠性要求比较高的部门，可以在数据链路层引入冗余链路并运行 STP，在主链路正常工作的情况下，逻辑上断开备份链路，而一旦主链路出现故障，备份链路将被启用以保障网络的连通性。

（4）路由技术。由于在 IP 地址规划中采用了 VLSM 技术，因此必须要选择无类别的路由选择协议进行不同网段之间的路由。在公司总部和分部的内部网络中运行 RIPv2 协议来实现局域网内部网络各网段之间的路由。对于网络的可靠性要求比较高的部门，可以在网络层引入冗余设备和冗余链路并运行 VRRP 协议，使多台物理网关设备虚拟成一台逻辑网关设备，即使一台物理网关设备出现故障，其他的物理网关设备依然可以保障网络的连通性。

（5）广域网技术。由于在总部和分部之间需要使用到广域网的连接，因此可在广域网连接上配置 PPP 以进行数据链路层的封装，而且在采用 PPP 协议时还可以进行认证的配置以确保对端设备的安全性。

（6）网络设备管理。为保证网络设备出现故障时能够快速地修复，要求所有网络设备必须能够远程登录进行配置管理，同时必须对所有的网络设备上的操作系统及配置文件进行备份。

2）物理网络设计

物理网络设计是指选择具体的网络技术和设备来实现逻辑设计。这一任务具体包括局域网技术的选择、确定网络设备及选择不同的传输介质（如双绞线、光纤或无线信号等），此时需要确定信息点的数量和具体的物理位置、设计综合布线方案等。

3）网络部署

网络部署及具体的施工建设，包括机房装修和综合布线。机房是核心网络设备和服务器的放置场所，对机房的标准化、规范化设计是十分必要的。机房建设主要包括温度和湿度的控制，要防静电、防雷、防晒、防水、防火、防盗，对机房电源和 UPS 电源、机房地板承重等多项内容进行设计。机房建设同样是一门专业技术，本书不做介绍。

网络工程的综合布线施工需要在绘制建筑物平面图，标明建筑群间的距离，确定每个楼宇信息点数量和位置以及通信使用的介质基础上，规划好线缆布线方式，绘制布线施工图，确定具体用料，然后实施。

4）调试和验收

网络工程实施是在网络设计的基础上进行的工作，主要包括软硬件设备的采购、安装、配置、调试和培训等。其中，最为关键的工作是网络互联设备的配置和调试。本书通过具体案例，介绍如何实施网络互联设备的安装、配置、调试过程。网络系统建成后，往往需要 1～3 个月的试运行期，进行总体性能的综合测试。通过系统综合测试，达到两个目的：一是为了充分暴露系统是否存在潜在的缺陷及薄弱环节，以便及时修复；二是检验系统的性能是否达到设计标准要求。

5. ABC 公司网络安全总体要求

ABC 公司下属单位多、生产线多，结构复杂。ABC 公司网络将发展为信息承载平台，网上运行的业务将包括 ERP、OA 等。并且，随着接入层网络建设的完善，如何保障网络设备安全、系统安全、各类业务的安全隔离及受控互访等网络安全问题是需要深入探讨的问题。

网络安全系统集成过程一般经历以下过程：在对网络风险分析的基础上，在安全策略的指导下，可以决定所需的安全服务类型，选择相应的安全机制，然后集成先进的安全技术，形成一个全面综合的安全系统，建立相关的规章制度，并对安全系统进行审计评估和维护。ABC 公司在网络安全方面提出 5 个方面的要求：

（1）安全性。全面有效地保护公司网络设备及软件系统的安全，保护数据不因偶然或恶意的破坏遭到更改、泄露和丢失，确保数据的完整性。

（2）可控性和可管理性。可自动和手动分析网络安全状况，实时监测并及时记录潜在的安全威胁，具有很强的可控性和可管理性。

（3）可用性。在某部分系统出现问题的时候，不影响公司信息系统的正常运行，具有很强的可用性和及时恢复性。

（4）可持续发展。满足公司业务需求和企业可持续发展需求，具有很强的可扩展性和柔韧性。

（5）合法性。所采用的安全设备和技术通过我国安全产品管理部门的合法认证。

6. ABC 公司网络安全工作任务

该公司网络安全项目的工作任务包括以下 4 个方面：

（1）研究该公司的计算机网络系统（包括分支机构、基层生产单位等）的运行情况（包括网络结构、性能、信息点数量和采取的安全措施等），对网络面临的威胁及可能承担的风险进行定性与定量的风险评估。

（2）研究该公司的计算机操作系统（包括服务器操作系统、客户端操作系统等）的运行情况（包括操作系统的版本、提供的用户权限分配策略等），在了解操作系统的最新发展趋势基础上，对操作系统本身的缺陷以及可能承担的风险进行定性与定量的风险评估。

（3）研究该公司的应用系统（包括管理信息系统、办公自动化系统等）的运行情况（包括应用体系结构、开发工具、数据库软件等），在满足各级管理人员、操作人员的业务需求基础上，对应用系统存在的问题、面临的威胁及可能承担的风险进行定性与定量的风险评估。

（4）根据以上的定性与定量的风险评估，结合用户需求和国内外网络安全最新发展趋势，有针对性地制订该公司计算机网络系统的安全策略和解决方案，确保该公司计算机网络信息系统安全可靠地运行。

7. ABC 公司信息系统面临的威胁

针对 ABC 公司开展信息化业务的特点，信息系统所面临的主要威胁有以下几点：

（1）ABC 公司信息网络比较开放，终端数量较大，非常容易受到来自 Internet 本身的安全威胁。例如网络蠕虫、网络攻击、垃圾邮件等。此外，企业网络终端没有统一的管理，每台终端上的操作系统安全漏洞补丁不能得到及时更新。这些威胁都会严重影响企业内部网络的正常使用。

（2）对公司自身来说，其科研人员承担了大量的产品研制与开发任务，在开发过程中的数据需要采取严格的保护措施。这部分网络还提供给异地的分支结构的科研人员访问，如果安全性缺失，则会造成自主知识产权的泄露。

（3）公司网络管理结构相对复杂，没有系统的安全管理和安全事件监控机制。一旦遇到网络蠕虫传播、垃圾邮件拥塞、恶意攻击等紧急情况，就没有相应的对策。而且，如果只是通过被动的事件响应，那么企业必然蒙受损失，从而造成 IT 投资回报无法最大化，总是处在事半功倍的恶性循环中。

8. ABC 公司网络系统安全需求

ABC 公司对网络安全的需求是全方位的、整体的，相应的安全体系也是分层次的，在不同层次反映了不同的安全需求问题。根据网络应用现状和网络结构，ABC 公司的网络安全需求要从以下几个方面来考虑：

（1）防止网络广播风暴影响系统关键业务的正常运转，甚至导致系统的崩溃。

（2）严格控制各种人员对公司局域网的接入，防止公司内部涉密信息的泄露。

（3）控制公司网络不同部门之间的相互访问。

（4）实现公司局域网与其他网络之间的安全、高效数据访问。

（5）确保广域网数据传输的保密性。

（6）网络系统需要充分考虑到各种网络设备的安全，保障网络系统在受到蠕虫、扫描等攻击时网络设备的稳定性。

9. ABC 公司网络安全风险分析

ABC 公司认为网络系统所要实现网络安全的重点目标为：保障网络中的各种网络设备、系统平台及各类应用业务能够安全可靠地运行。目前，在安全风险分析方面，主要包括如下内容：

（1）整个网络均采用开放的 TCP/IP 协议，面临来自内、外网用户的各类攻击的安全风险。

（2）整个网络建成后将为公司内部的各类业务应用提供服务。由于部门划分细致，所有的企业员工均通过公司的网络平台进行办公，因此可能面临某些少数用户发起的"拒绝服务、病毒传播"等恶意攻击的安全风险。

（3）当网络管理员在利用某些工具（如 Telnet、TFTP 等）对全网进行配置管理时，由于 Telnet 的信息在网络上都是以明文进行传输的，因此面临着某些重要信息（如核心交换机等网络设备的配置信息）泄露的安全风险。

（4）由于网络覆盖面广，结构复杂、设备多种多样、应用系统很多，将来在投入运行时可能对公司用户的管理带来较大的困难，同时可能导致整个网络出现安全漏洞隐患。

（5）网络中运行的关键业务，如公司财务往来信息、技术研发资料等，在高质量数据传输的前提下，必须有充分的安全保障。

10. ABC 公司网络安全策略制定

业务需求和风险分析是安全策略制定的主要来源。安全策略规定了用户、管理者和技术人员保护技术和信息资源的义务，也指明了访问机构的技术人员和信息资源人员都必须遵守的规则。安全策略一般包括总体的策略（一般不是某种特定的技术，而是一些与网络运行有关的更加宏观的因素）和具体的规则（组织机构的最佳做法）。ABC 公司建议在网络建设同期制定安全策略来加强对网络安全的限制，各项安全策略应包括以下内容：

（1）授权和陈述范围：规定网络安全策略覆盖的范围。

（2）可接受使用策略：规定对访问网络基础设施所做的限制。

（3）身份识别与认证策略：规定应采用何种技术、设备及其他措施，确保只有授权用户才能访问网络数据。

（4）Internet 访问策略：规定内部在访问 Internet 时需要考虑的安全问题。

（5）内部网络访问策略：规定内部网络用户应如何使用内部网络资源。

（6）远程访问策略：规定远程用户应该如何使用内部网络资源。

11. ABC 公司网络安全机制设计

ABC 公司的网络安全从 3 个层面来进行设计：物理安全、网络系统安全和信息安全。

（1）物理安全机制设计。

首先，要保证网络运行环境的安全，网络机房建设要建立防辐射的屏蔽机柜，把存储重要信息数据的存储设备放在屏蔽机柜中。需要保密的网络采用屏蔽双绞线、屏蔽模块和屏蔽配线架。此外，还需要防雷设备、UPS 的安全配置以及防火系统的配置。

（2）网络系统安全机制设计。

①外部网络安全保护机制设计。使用公共子网来隔离内部网络和外部网络，将公共服务器放在公共子网上，在内部网络和外部网络之间使用防火墙，设置一定的访问权限，有效保护网络免受攻击和侵袭。在网络出口处安装专用的入侵检测系统，对网络上的数据信息进行审查和监视。对于特别机密的部门网络，使用 VPN 来创立专用的网络连接，保证网络安全和数据的完整性安全。

②内部网络安全保护机制设计。内部网络安全使用 VLAN 来为网络内部提供最大的安全性。通过对网络进行虚拟分段，让本网段的主机在网络内部自由访问，而跨网段访问必须经过核心交换机和路由器，这样保证了网络内部信息安全和防止信息泄露。

（3）信息安全保护设计。

信息安全涉及信息的传输安全、信息存储的安全以及网络传输信息内容的审计等方面。选择加密技术和身份认证技术来保证网络中信息数据的安全。

12. ABC 公司网络安全集成技术

根据前面的详细分析，就本项目而言，ABC 公司采用的网络安全措施主要有以下几种：

（1）身份验证技术。

（2）信息加密技术。

（3）访问控制技术。

（4）虚拟专用网络技术。

（5）网络设备安全加固技术。

（6）网络防病毒技术。

（7）网络安全设备部署。

任务实施

1.2 任务实施

1. 任务问题描述。
2. 任务需求分析。
3. 根据提示完成任务。

任务评价

1.2 任务评价

根据任务完成情况，简明扼要地填写任务评价表，并将相关截图上传。

归纳总结

需求分析是用来获取和确定系统需求和业务需求的方法，是关系到一个网络系统成功与否的重要砝码，如果网络系统应用的需求及趋势分析做得透彻，网络方案就会"张弛有度"，系统架构搭建得好，网络工程实施及网络应用实施就相对容易得多；反之，如果没有就需求与用户达成一致，"蠕动需求"就会贯穿整个项目始终，并破坏项目计划。需求分析是整个网络设计过程中的难点，需要由经验丰富的工程人员来完成，主要完成用户的网络需求调查，了解用户的建网需求，为下一步制订网络方案打下基础。

在线测试

1.2 在线测试

本任务测试习题包括填空题、选择题和判断题。

技能训练

某职业学院人员包括教师、学生、行政人员，由南北校区构成，希望构建一个教师、学生、行政人员能相互通信但相互隔离的网络，需求如下：

（1）在接入层采用二层交换机，并且要采取一定的方式隔离广播域。

（2）核心交换机采用高效能的三层交换机，且采用双核心交换机互为备份方式。接入交换机分别通过 2 条上行链路连接到 2 台核心交换机，由核心交换机实现 VLAN 间的路由。

（3）2 台核心层交换机之间也采用双链路连接，并提高核心交换机之间的链路带宽。

（4）在接入交换机上实现对允许连接终端数量的控制，以提高网络的安全性。

（5）为了提高网络的可靠性，整个网络中存在大量环路，要避免环路可能造成的广播风暴等。

（6）三层交换机上配置路由端口，与路由器之间实现全网互通。

（7）两地办公的路由器之间通过广域网链路连接，并提供一定的安全性。

（8）在路由器上利用少量的公网 IP 地址实现校园网内网到互联网的访问。

（9）在路由器上对内网到外网的访问进行一定的控制，要求行政人员不能访问互联网，学生只能访问 WWW 和 FTP 服务，其余不受限制。

请对该项目进行需求分析、安全策略设计，并据此画出该职业学院的基本网络拓扑图，最终为该校园网设计一个完整的安全解决方案。

单元2 网络综合布线系统设计

物理网络设计的任务是为设计的逻辑网络选择环境平台，主要包括结构化布线系统设计，为企业网络选择局域网和广域网的技术及设备。由于逻辑网络设计是物理网络设计的基础，因此逻辑网络设计的商业目标、技术需求和网络通信特征都会影响物理网络设计。物理网络设计成功与否，将会在未来数十年的运行中得到最好的印证。

学习目标

通过本单元的学习，学生能够了解综合布线系统的概念、组成、标准和设计原则，掌握常见网络设备主要性能指标等知识。

- 掌握网络综合布线相关用料计算、综合布线系统工程设计的方法、网络设备产品的查询方法等技能；
- 具备绘制网络布线系统图、编撰网络综合布线设计文档的能力；
- 具备精益求精、5S 的职业素养。

2.1 绘制综合布线网络系统图

任务场景

某大学新建一栋学生公寓楼，共 6 层，楼层高度为 3m，每层 36 个房间，每个房间入住 8 名学生。该学生公寓楼土建工程已完成，学校要求在楼房装修之前必须实施网络综合布线工程，以便实现每个学生以 100Mb/s 速率接入校园网，学生公寓楼则以 1000Mb/s 速率接入小区核心交换机。如果你是一名网络布线管理员，请完成任务的需求分析和布线系统的详细设计。

任务布置

1. 利用互联网了解综合布线的相关国家技术标准、规范的要求。
2. 对工程实施的建筑物进行充分的调查研究。
3. 根据需求完成水晶头、线缆、配线架、机柜、适配器等综合布线用料计算。
4. 绘制综合布线系统图。

知识准备

2.1.1　综合布线系统的概念

　　布线系统是指由能够支持电子信息设备相连的各种缆线、跳线、接插软线和连接器件组成的系统。综合布线系统是建筑物或建筑群内的传输网络，既可以与电话交换系统和数据通信系统及其他信息管理系统彼此相连，又能够使这些设备与外部通信网络相连接。它包括建筑物到外部网络，或线路上的连接点与工作区的语音或数据终端之间的所有电缆、光缆及相关联的布线部件。

　　综合布线系统涉及的内容广泛，包括数据网、电话网、电视网、监控、安保、温控等系统的布线。目前，使用最为广泛的布线工程在实施上往往遵循结构化布线系统标准，仅限于语音和计算机网络的布线。

2.1.2　综合布线系统的组成

　　综合布线系统采用开放式星形网络拓扑结构，能支持语音、数据、图像、多媒体业务等信息的传递，分为工作区子系统、设备间子系统、进线间子系统、水平子系统、垂直子系统、建筑群子系统和管理间子系统七个部分，如图 2-1 所示。

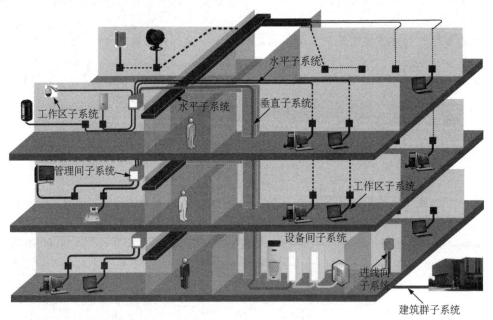

图 2-1　综合布线系统的组成

　1．工作区子系统

　　工作区子系统又称服务区子系统，由跳线与信息插座所连接的设备组成。其中，信息插座包括墙面型、地面型、桌面型等，常用的终端设备包括计算机、电话机、传真机、报警探头、摄像机、监视器、各种传感器件、音响设备等。

2. 水平子系统

水平子系统又称配线子系统，由工作区信息插座模块、模块到楼层管理间连接缆线、配线架、跳线等组成，实现工作区信息插座和管理间子系统的连接，包括工作区与楼层管理间之间的所有电缆、连接硬件（信息插座、插头、端接水平传输介质的配线架、跳线架等）、跳线线缆及附件。

3. 垂直子系统

垂直子系统又称干线子系统，提供建筑物的干线电缆，负责连接管理间子系统到设备间子系统，实现主配线架与中间配线架，计算机、PBX（程控交换机）、控制中心与各管理间子系统间的连接。该子系统由所有的布线电缆组成，或由导线和光缆以及将此光缆连接到其他地方的相关支撑硬件组合而成。

4. 管理间子系统

管理间子系统又称电信间或者配线间子系统，一般设置在每个楼层的中间位置。对于综合布线系统设计而言，管理间主要安装建筑物配线设备，是专门安装楼层机柜、配线架、交换机的楼层管理间。管理间子系统也是连接垂直子系统和水平子系统的设备。当楼层信息点很多时，可以设置多个管理间。

5. 设备间子系统

设备间在实际应用中一般称为网络中心或者机房，是在每栋建筑物适当地点进行网络管理和信息交换的场地。其位置和大小应该根据系统分布、规模以及设备的数量来具体确定，通常由电缆、连接器和相关支撑硬件组成，通过线缆把各种公用系统设备互连起来。主要设备有计算机网络设备、服务器、防火墙、路由器、程控交换机、楼宇自控设备主机等，它们可以放在一起，也可分别设置。

6. 进线间子系统

进线间子系统是建筑物外部通信和信息管线的入口部位，并可作为入口设施和建筑群配线设备的安装场地。进线间是 GB 50311—2016 国家标准在系统设计内容中专门增加的，要求在建筑物前期系统设计中要有进线间，满足多家运营商业务的需要，避免一家运营商自建进线间后独占该建筑物的宽带接入业务。进线间一般通过地埋管线进入建筑物内部，宜在土建阶段实施。

7. 建筑群子系统

建筑群子系统也称为楼宇子系统，主要实现楼与楼之间的通信连接，一般采用光缆并配置相应设备，它支持楼宇之间通信所需的硬件，包括缆线、端接设备和电气保护装置。设计时应考虑布线系统周围的环境，确定楼间传输介质和路由，并使线路长度符合相关网络标准的规定。

2.1.3　综合布线系统的标准

最早的综合布线标准起源于美国，1991 年美国国家标准协会制定了 TIA/EIA 568 民用建筑线缆标准，经改进后于 1995 年 10 月正式将 TIA/EIA 568 修订为 TIA/EIA 568A 标准。国际标准化组织/国际电工委员会（ISO/IEC）于 1988 年开始在美国国家标准协会制定的有关综合布线标准基础上修改，1995 年 7 月正式公布 ISO/IEC 11801：1995（E）作为国际标准，供各个国家使用。随后，英国、法国、德国等国联合于 1995 年 7 月制定了欧洲标准（EN 50173），供欧洲一些国家使用。

我国在计算机的信息、网络综合布线方面的标准比国外晚几年建立，现在逐步在各行业中建立起标准或条例。在我国，与综合布线系统有关的国家标准主要是 GB 50311—2016《综合布线系统工程设计规范》和 GB/T 50312—2016《综合布线系统工程验收规范》等。GB 50311—2016 规定了综合布线系统的基本结构，如图 2-2 所示。

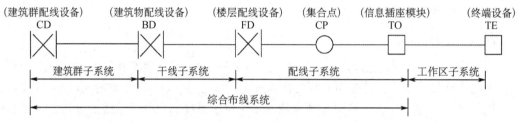

图 2-2　GB 50311—2016 定义的综合布线系统的基本结构

物理网络设计在逻辑网络设计的基础上选择符合性能要求的物理设备，并确定设备的安装方案和结构化布线方案，提供网络施工的依据。在进行物理网络设计时，必须遵循以下原则。

（1）所选设备至少应该满足逻辑网络设计的基本性能要求，并留有一定的冗余。

（2）所选择的设备应该具有较强的互操作性，支持同种协议的设备之间互连时易于安装，出现故障的概率小，出自同一个设备商的产品在基础软件和配置方法上也相同。

（3）综合考虑性价比。虽然在进行设备选型时，要从节约用户投资的角度去考虑"性价比最优"方案，但从网络设备的可用性、可靠性和冗余性的角度考虑时，有时候价格又是应该放在第二位的因素。

（4）在进行综合布线系统设计时，要考虑到未来 20 年内的增长需求，因为一旦大楼布线竣工，再想改动原有方案将会非常困难。

（5）综合布线方案需要受到一些地理环境条件的限制，如楼层之间的距离、设备间的安全性、干扰源的位置等，情况不明朗时一定要进行充分的实地考察。

2.1.4　综合布线系统的距离规定

在进行综合布线系统设计时，需要注意到线缆长度对布线设计的影响。

1. 主干线路各个线段长度

ISO/IEC 11801—2002-09 和 TIA/EIA 568B.1 标准对水平线缆、主干线缆的长度进行了规定，见表 2-1。

表 2-1　主干线路各线段长度划分

线缆类型	各线段长度限值/m		
	A	B	C
100Ω 双绞电缆（语音）	800	300	500
62.5μm 多模光缆	2000	300	1700
50μm 多模光缆	2000	300	1700
10μm 单模光缆	3000	300	2700

2. 配线子系统各个线段长度

配线子系统采用双绞线布线时，配线系统信道的最大长度（L）为 100m，最多由 4 个连接器件组成，永久链路（H）由 90m 水平线缆及 3 个连接器件组成。工作区设备线缆（W）、楼层设备线缆（D）、设备跳线之和不应大于 10m。当大于 10m 时，永久链路的线缆长度（90m）应适当减少。楼层设备（FD）线缆和跳线，及工作区线缆各自的长度不应大于 5m。各线段的线缆长度可按表 2-2 选用。

表 2-2　配线子系统各线段线缆长度划分

电缆总长度 L/m	水平线缆长度 H/m	工作区线缆长度 W/m	电信间跳线与设备线缆长度 D/m
100	90	5	5
99	85	9	5
98	80	13	5
97	75	17	5
97	70	22	5

3. 光纤线段的选择

由于高速以太网对双绞线的距离限制，大多数情况下，建筑群、干线子系统的双绞线等线缆主要用于电话、报警信号等。网络信号基本都不再使用双绞线，而是由光纤替代。楼内宜采用多模光纤；建筑物之间宜采用多模或单模光纤；与电信服务商相连时，应采用单模光纤。

2.1.5　综合布线系统的用料计算

常用的综合布线材料有双绞线、光纤、信息模块、跳线、配线架、机柜、线槽等，在综合布线系统设计的过程中，需要确定其用量，进而对工程造价进行控制。

1. RJ45 水晶头的需求量计算

RJ45 水晶头的需求量为

$$m=n \times 4+n \times 4 \times 5\% \tag{5-1}$$

式中　　m——RJ45 水晶头的总需求量；

n——信息点的总量；

$n \times 4 \times 5\%$——富余量。

2. 信息模块的需求量计算

信息模块的需求量为

$$m = n + n \times 3\% \tag{5-2}$$

式中　m——信息模块的总需求量；

　　　n——信息点的总量；

　　　$n \times 3\%$——富余量。

其他与信息模块相关的需求量要求如下：

- 信息插座面板的数量＝信息模块数÷信息插座面板的开口数
- 信息插座底盒的数量＝信息插座面板的数量
- 光纤插座光纤适配器数＝光端口数＝光纤信息点数×2（每个光纤信息点需配2芯光纤）
- 光纤插座面板数＝光纤插座光纤适配器数÷光纤插座面板的光口数
- 光纤插座底盒数＝光纤插座面板数

3. 双绞线的用量计算

（1）每个楼层用线量为

$$C=[0.55(L+S)+6] \times n \tag{5-3}$$

式中　C——每个楼层的用线量；

　　　L——服务区域内信息插座至配线间的最远距离；

　　　S——服务区域内信息插座至配线间的最近距离；

　　　n——每层楼的信息插座的数量。

（2）整座楼的用线量：$W=\sum MC$（M为楼层数）。

（3）楼层双绞线箱数。每箱双绞线总长度为305m，布线工程需要的双绞线数量为

$$K = \text{INT}\left[\frac{W}{305}\right] + 1 \tag{5-4}$$

式中　K——楼层线缆总数（箱）；

　　　INT——取整函数；

　　　W——整楼线缆总长度（m）。

试 一 试

已知某综合布线工程共有电端口信息点408个，布点比较均匀，离FD最近的信息点路由长度为7.5m，离FD最远的信息点路由长度为82.5m，试计算需订购的电缆数量（箱数）。

解： 平均电缆长度＝$\left(\dfrac{7.5+82.5}{2} \times 1.1 + 6\right)$ m＝55.5m

每箱可用电缆数＝305m÷55.5m＝5.5（只能取整数5）

需订购的电缆箱数＝408÷5＝81.6（应订82箱）

4. 管道和线槽布放线缆的数量计算

在管道、线槽、桥架中布放线缆时，截面积利用率为

截面积利用率=管道（或线槽、桥架）截面积/线缆截面积 （5-5）

管道内布放线缆的数量为

$$n = \text{INT}\left[\frac{\text{管道内截面积}}{\text{缆线面积}} \times K\right]$$

（5-6）

式中　　n——管道中布放线缆根数；

K——截面积利用率。

GB/T 50312—2016 规定：在管道内部放大对数电缆或 4 芯以上的光缆时，直线管道的利用率 K=30%～50%，弯曲管道的利用率 K=30%～40%；管道内布放双绞线电缆或 4 芯光缆时利用率 K=25%～30%，在线槽内布放线缆时利用率 K=30%～50%，桥架内布放线缆时利用率 K=50%。

GB/T 50312—2016 规定的截面积利用率不应超过 50%，事实上这个数据对于电源电缆是适合的，而对综合布线系统则显得小了一点。这个数值如果直接作为管道、线槽、桥架的设计依据，则在实际工程中容易出现穿线困难的现象。因此，为了保证水平双绞线的高频传输性能，双绞线通常不进行绑扎，而是顺其自然地将双绞线放在管道、线槽、桥架中。大量工程实践证明，截面积利用率为 30%较好，可确保施工效率和提高传输效率。常见线槽和管道容纳双绞线的数量见表 2-3 和表 2-4。

表 2-3　线槽容纳双绞线数量

线槽/mm	5 类线/条	线槽/mm	5 类线/条	线槽/mm	5 类线/条
20×10	2	39×19	9	99×27	32
24×14	4	59×22	16	100×100	48

表 2-4　管道容纳双绞线数量

线缆类型	线缆外径/mm	截面积/mm²	利用率/%	（管道外径/管道壁厚）/mm					
				ϕ16/1.6	ϕ20/1.6	ϕ25/1.6	ϕ32/1.6	ϕ40/1.6	ϕ50/1.6
5e UTP	5.2	21	30	2	3	5	9	14	24
			25	1	2	4	7	12	20
6UTP	6.1	28	30	1	2	4	6	11	17
			25	1	2	3	5	9	14

5. 配线架的数量计算

连接至管理间的每根电/光缆应终接于相应的配线模块，即 1 根 4 对双绞电缆应全部固定终接在 1 个信息模块通用插座上。配线模块可按以下原则选择：

● 多线对端子配线模块可选用 4 对或 5 对卡接模块，每个卡接模块应卡接 1 根 4 对双绞线电缆。一般 100 对卡接端子容量的模块可卡接 24 根（采用 4 对卡接模块）或 20 根（采用 5 对卡接模块）4 对对绞电缆。

● 25 对端子配线模块可卡接 1 根 25 对大对数电缆或 6 根 4 对对绞电缆。

- 回线式配线模块（8 或 10 回线）可卡接 2 根 4 对双绞线或 8/10 回线。
- 光纤连接器每个单工端口应支持 1 芯光纤的连接，双工端口则支持 2 芯光纤的连接。

（1）设备间语音配线架数量的计算。语音干线多采用大对数电缆，语音干线的所有线对都要端接于配线架上，所以设备间中语音系统的 110 配线架的规格的计算公式为

$$V = 2 \times \left(\frac{S_v}{F} + 1 \right)$$

（5-7）

式中 V——设备间中语音配线架的数量；

S_v——语音干线的线缆对数之和；

F——所采用 110 配线架的规格，如果采用 50 对 110 配线架，则取 $F=100$，其余以此类推。

按照式（5-7）计算的结果，一半用于垂直干线的连接，一半用于建筑群干线的连接。

（2）设备间双绞配线架数量的计算。在目前的综合布线工程中，系统的配线架大多采用快接式。常用的快接式配线架有 24 口、48 口、96 口等规格。如果采用双绞线作为数据干线，设备间的配线架相应为快接式配线架。设备间的快接式配线架用量的计算公式为

$$D = 2 \times \left(\frac{S_d}{F} + 1 \right)$$

（5-8）

式中 D——设备间快接式配线架的数量；

S_d——数据干线的 4 对双绞线的根数；

F——所采用快接式配线架的规格，取值方法与式（5-7）中的 F 类似。

按照式（5-8）计算的结果，一半用于垂直子系统的连接，一半用于建筑群子系统的连接。

（3）设备间数据光纤配线架数量的计算。如果数据干线采用光纤，就要采用相应光纤配线架。光纤配线架数量的计算公式为

$$D_f = 3 \times \left(\frac{S_f}{F} + 1 \right)$$

（5-9）

式中 D_f——设备间光纤配线架的数量；

S_f——数据干线的光纤芯数之和；

F——所采用光纤配线架的规格，取值方法与式（5-7）中的 F 类似。

如果计算楼层配线间的配线架数量时没有考虑数据干线采用光纤的情况，则按照式（5-9）计算的结果 1/3 用于楼层配线，1/3 用于设备间与垂直子系统的连接，1/3 用于设备间与建筑群干线子系统的连接。

由于配线架不能取半个，因此所得数需要取整。

试 一 试

　　已知某建筑物的其中一个楼层采用光纤到桌面的布线方案，该楼层共有 40 个光纤点，每个光纤信息点均布设一根室内 2 芯多模光缆至建筑物的设备间，请问设备间的机柜内应选用何种规格的光纤配线架？数量多少？需要订购多少个光纤耦合器？

6. 机柜数量计算

从设备及线缆的放置及端接角度考虑，将配线架及后期准备购买的交换机等网络设备放置于一个网络机柜。每个机柜最好留一些空间，以便日后网络设备、服务器设备的扩充，在综合布线机柜中有可能除了网络布线外，还要布置电话线，所以要在机柜中预留一定空间，这可以根据具体设备进行预算。

7. 跳线数量计算

（1）管理子系统：一般为 1m 的跳线，其数量与线路数量比为 1∶1。

（2）工作区子系统：一般每个位置都配置一条 2m 的跳线，数量与位置数比为 1∶1，并适当留有余量。

（3）设备间子系统：数量与线路数量比为 1∶1。

2.1.6　综合布线系统工程设计

在进行综合布线系统设计时，分别设计每个子系统，并说明布线方式和使用的主要布线材料，确保干线能够提供足够的带宽。例如，垂直子系统、校园建筑子系统都应该至少布设一条适合万兆传输的多模或单模光纤，以适应干线带宽扩展到万兆以上的需要。

设计建筑的布线系统图，应标明主配线间、分配线间、垂直子系统、水平子系统及线缆连接的路径、数量、带宽等。例如，标注水平布线电缆使用"UTP*25 100 M"，表示使用 25 条非屏蔽双绞线，带宽为 100Mb/s。

1. 设计概述

在设计中，应考虑设备间的位置和大小，要确保布线机柜及设备机柜有足够的空间来摆放，并且便于安装和管理，同时，尽量减少配线间的数量，方便集中管理和维护。另外，还需考虑布线系统的接地和防雷。完成设计后，还要计算出布线材料的数量及工程造价预算。综合上述设计思想，综合布线系统工程设计实施的具体步骤如下：

（1）分析用户需求。

（2）尽可能全面地获取工程相关的建筑资料。

（3）系统结构设计。

（4）布线路由设计。

（5）绘制综合布线施工图。

（6）计算出综合布线用料清单。

下面给出一个实际工程项目的相关资讯。某大学新建一栋学生公寓楼，共 6 层，楼层高度为 3m，每层 36 个房间，每个房间入住 8 名学生。该学生公寓楼土建工程已完成，学校要求在楼房装修之前必须实施网络综合布线工程，以便实现每个学生以 100Mb/s 速率接入校园网，学生公寓楼则以 1000Mb/s 速率接入小区核心交换机。学生公寓楼的建筑平面图如图 2-3 所示。

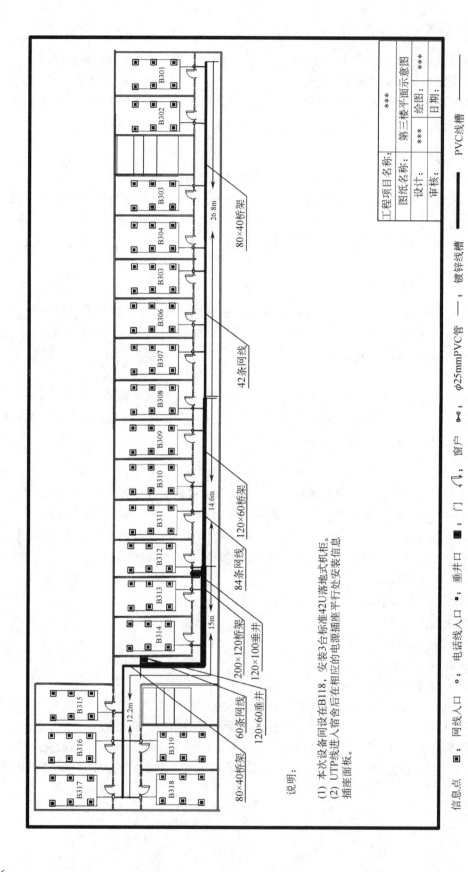

图 2-3 学生公寓楼的建筑平面图

2. 需求分析

（1）确定设备间及楼层管理间的位置。为了方便系统的维护管理，通过现场考察并与用户沟通后，决定将公寓楼1楼靠近楼梯间的118房间作为设备间，用来安装本楼的配线设备及交换机设备。2~6楼每层设置一个管理间，用来安装该楼层配线设备及交换机设备，1楼管理间与楼宇设备间合并使用，不再单独设置楼宇设备间。

（2）确定每个房间的信息点。每个房间入住8名学生，一般情况下每个房间最多需要8个信息点，但考虑工程造价的因素，每个房间决定安装2个信息点，学生可以通过交换机扩展接入校园网。公寓楼内每个房间的信息点安装数量相同，由此可得到该楼宇的信息点数量及分布情况，即215个房间内（有一个房间预留作为设备间）共计安装430个信息点，如表2-5所示。

表2-5　公寓楼网络信息点分布情况一览表

楼　　层	101	102	103	...	134	135	136	小　　计
1F	2D	2D	2D	...	2D	2D	2D	70D
2F	2D	2D	2D	...	2D	2D	2D	72D
3F	2D	2D	2D	...	2D	2D	2D	72D
4F	2D	2D	2D	...	2D	2D	2D	72D
5F	2D	2D	2D	...	2D	2D	2D	72D
6F	2D	2D	2D	...	2D	2D	2D	72D
合计								430D

注：在综合布线中，"2D"表示2个网络信息点，"2V"表示2个电话语音点。

（3）确定每个房间信息点的安装位置。学生公寓楼内每个房间两侧各安装了4张80cm高的一体化计算桌，为了方便学生台式计算机及笔记本式计算机的使用，决定在房间两侧各安装一个信息插座，插座安装位置距地面120cm。

（4）确定每个房间信息点至楼层电信间的布线路由。通过考察，可以确定从每个房间信息点出发沿墙壁穿出外走廊，再沿走廊水平布设到楼层管理间的布线路由是最佳路由。

（5）以楼层管理间为中心，现场测量最远信息点和最近信息点的距离。为了实现配线子系统设计过程中楼层水平线缆的概预算，需要以楼层管理间为中心，实地估测楼层最远信息点及最近信息点的距离，最远信息点距楼层管理间的距离为47m，最近信息点距楼层管理间的距离为16m。

（6）以设备间为中心，确定干线路由及距离。通过现场考察，可以看到公寓楼土建工程已预留了强弱电垂直布线管道，由此可以确定干线路由从设备间出发，通过垂直管道后，水平布设至每楼层管理间的路由。确定路由后，现场可以使用卷尺进行路由距离的估测。

（7）确定设备间与小区中心机房的布线路由及距离。通过现场考察，发现该学生公寓楼与小区中心机房之间没有预留布线专用的地下管道，因此只能沿着附近楼宇建筑采取架空方式进行光缆布线。确定布线路由后，可使用地测仪沿布线路由进行现场测量，可以得到学生公寓楼与小区中心机房之间光缆布线长度的估测值。

目前，在网络工程中普遍采用有线通信和无线通信两种方式。设计人员可以根据实际需要进行选择。有线通信利用双绞线、同轴电缆、光纤来充当传输介质，无线通信则利用卫星、微波和红外线来充当传输介质。

3. 系统设计

本部分详细内容参见任务实施部分。

2.1.7 综合布线系统管理设计

管理标记是综合布线系统的一个重要组成部分。综合布线系统应在需要管理的各个部位设置标签，表示相关的管理信息。一般情况下，管理标记方案由用户的网络系统管理员和综合布线系统设计人员共同制订。标记方案应规定各种参数和识别方法，以便查清配线架上交连场的各条线路和终端设备的端接点。

布线工程的技术管理涉及系统的工作区、管理间、设备间、进线间、入口设施、缆线管道与传输介质、配线连接器件及接地等各方面。

1. 电缆管理设计

布线系统的电缆管理常使用电缆标记、插入标记和场标记三种标记。

（1）电缆标记。将塑料标牌或不干胶系在电缆端头或贴到电缆表面。其尺寸和形状由需要而定，在交连场安装和做标记前，电缆的两端应标明相同的编号，以此来辨别电缆的来源和去处。例如，一根电缆从 3 楼的 311 房间的第 1 个数据信息点拉至管理间，该电缆的两端可标上"311-D1"的标记。

（2）插入标记。将硬纸片用颜色块标识相应线对的卡接位置。对于 110 配线架，可插在两水平齿形条间的透明塑料夹内；对于模块化配线架，可插在模块的缆线端接部位。

（3）场标记。场标记又称区域标记，是一种色标标记。在设备间、进线间、管理间的各配线设备上，用色标来区分配线设备连接的电缆是干线电缆、配线电缆还是设备端接点，且用标签标明端接区域、物理位置、编号、容量、规格等。场标记的背面是不干胶，可贴在建筑物布线区域的平整表面上。

2. 光缆管理设计

光缆管理采用单点管理方式，如图 2-4 所示，只对中央设备机房内进行单点管理，具有便于集中管理、可减少光缆及相关设备的管理维护费用的优点。

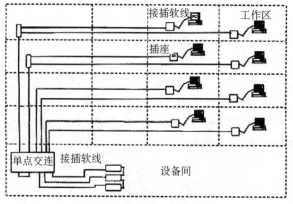

图 2-4 光缆单点管理示意图

光缆管理采用两种标记，即交连标记和光缆标记。

（1）交连标记。交连标记标在交连点，提供光纤远端的位置和光纤本身的说明，如图 2-5 所示。

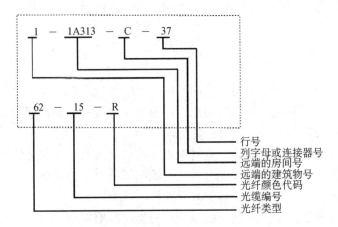

图 2-5 交连标记

（2）光缆标记。光缆标记提供光缆远端的位置和该光缆的特殊信息，如图 2-6 所示，第 1 行表示此光缆的远端在音乐厅 A77 房间；第 2 行表示启用光纤数为 6 根，备用光纤数为 2 根，光缆长度为 357m。

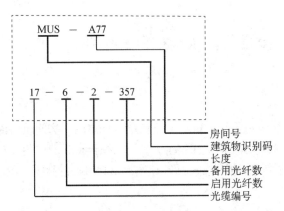

图 2-6 光缆标记

任务实施

1. 工作区子系统设计。
2. 水平子系统设计。
3. 管理间子系统设计。
4. 垂直子系统设计。
5. 设备间设计。
6. 建筑群子系统设计。
7. 进线间子系统设计。

2.1 任务实施

任务评价

根据任务完成情况，简明扼要地填写任务评价表，并将相关截图上传。

归纳总结

综合布线系统设计对布线的全过程起着决定性的作用，有几点注意事项需要谨记。

首先，应符合相关标准、规范的要求。综合布线系统设计不仅要做到设计严谨，满足用户使用要求，还要造价合理，符合国家标准。

然后，根据实际情况进行设计。要对工程实施的建筑物进行充分的调查研究，收集该建筑物的建筑工程、装修工程和其他有关工程的图纸资料，并充分考虑用户的建设投资预算要求、应用需求及施工进度要求等各方面因素。

最后，注意选材和布局。布线系统设计中的选材、用料和布局安排对建设成本有直接的影响；在设计中，应根据建设方的需求，选择合适的布线缆线和接插件，所选布线材料等级的不同对总体方案技术指标的影响很大。布局安排除了对建设成本有直接的影响外，还关系到布线系统是否合理。

在线测试

本任务测试习题包括填空题、选择题和判断题。

技能训练

某公司 A 楼高 4 层，每层高 3.3m，同一楼层内任意两个房间最远传输距离不超过 90m，A楼和 B 楼之间距离大约 500m，需要在整个大楼进行综合布线，如图 2-7 所示。为满足公司业务发展的需要，要求楼内客户机提供数据传输速率为 100Mb/s 的数据、图像及语音传输服务。

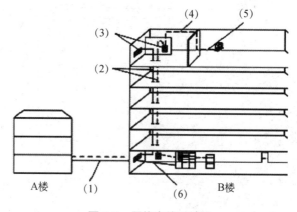

图 2-7　网络布线系统图

将图 2-7 中（1）～（6）处空缺子系统的名称补充完整。

考虑性能与价格因素，图 2-7 中（1）（2）和（5）中各应采用什么传输介质？

2.2　编撰综合布线工程设计文档

任务场景

某大学新建一栋学生公寓楼，共 6 层，楼层高度为 3m，每层 36 个房间，每个房间入住 8 名学生。该学生公寓楼土建工程已完成，学校要求在楼房装修之前必须实施网络综合布线工程，以便实现每个学生以 100Mb/s 速率接入校园网，学生公寓楼则以 1000Mb/s 速率接入小区核心交换机。在完成布线系统综合设计的基础上，进一步完成网络设备选型，最终形成网络布线工程设计文档，为后续招投标提供设计方案。

任务布置

1. 研究交换机的重要性能指标。
2. 学习交换机的选型原则。
3. 探究层次网络结构中交换机选型方法和技巧。
4. 绘制综合布线系统图。
5. 综合网络系统布线详细设计、设备选型和系统图，撰写综合布线工程设计方案。

知识准备

2.2.1　网络设备的选型

网络工程技术人员应当了解各种网络产品，熟悉产品的型号、性能、报价和应用，以便在网络工程设计中选择性价比较高的产品。网络设备产品的厂家很多，应尽量多了解这些产品，这对设计网络很有帮助。网络交换机是高性能网络设计中考虑最多的物理设备，不仅在于其重要地位，还在于其种类繁多、性能各异。高档的交换机具有网络管理和路由功能，可完成复杂的局域网寻址工作。低档的交换机不过是端口独立，具有高速交换能力的集线器而已。

1. 交换机产品的种类

（1）根据交换机使用的网络传输介质及传输速度分类。这种分类的交换机类型及特点见表 2-6。

（2）根据交换机应用的网络层次进行分类。根据交换机应用的网络层次不同，可以将网络交换机划分为企业级交换机、校园网交换机、部门级交换机、工作组交换机和桌面型交换机 5 种，其特点见表 2-7。

表 2-6　根据交换机使用的网络传输介质及传输速度分类及其特点

交换机类型	特　点
以太网交换机	用于带宽在 10Mb/s 以下的以太网
快速以太网交换机	用于带宽在 100Mb/s 以下的快速以太网，传输介质可以是双绞线或光纤
千兆以太网交换机	带宽可达到 1000Mb/s，传输介质有光纤、双绞线两种
10 千兆以太网交换机	用于骨干网段上，传输介质为光纤
ATM 交换机	用于 ATM 网络的交换机
FDDI 交换机	带宽可达到 100Mb/s，接口形式都为光纤接口

表 2-7　根据交换机应用的网络层次分类及其特点

交换机类型	特　点
企业级交换机	采用模块化的结构，可作为企业网络骨干构建高速局域网
校园网交换机	主要应用于较大型网络，且一般作为网络的骨干交换机
部门级交换机	面向部门级网络使用，采用固定配置或模块配置
工作组交换机	一般为固定配置
桌面型交换机	低档交换机，只具备最基本的交换机特性，价格低

（3）根据 OSI 的分层结构分类。根据 OSI 的分层结构不同，交换机可分为二层交换机、三层交换机、四层交换机等，其特点见表 2-8。

表 2-8　根据 OSI 的分层结构分类及其特点

交换机类型	特　点
二层交换机	工作在 OSI 参考模型的第二层（数据链路层）上，主要功能包括物理寻址、错误校验、帧序列及流量控制，是最便宜的方案。它在划分子网和广播限制等方面提供的控制最少
三层交换机	工作在 OSI 参考模型的网络层，具有路由功能，它将 IP 地址信息提供给网络路径选择，并实现不同网段间数据的线速交换。在大中型网络中，三层交换机已经成为基本配置设备
四层交换机	工作于 OSI 参考模型的第四层，即传输层，直接面对具体应用。目前由于这种交换技术尚未真正成熟且价格昂贵，所以，四层交换机在实际应用中还较少见

2. 交换机的重要性能指标

（1）端口类型。根据使用的传输介质不同，交换机的端口主要分为电缆端口和光纤端口两种类型，端口速率可以工作在 100Mb/s 以上。一般百兆端口连接工作站，千兆端口用于交换机之间的级联。下面介绍光纤端口的主要性能指标。

①光纤端口：SC 端口是一种光纤端口，可提供千兆位的数据传输速率，通常用于连接服务器的光纤端口。这种端口以"100 b FX"标注，常见光纤连接器如图 2-8 所示。交换机的光纤端口有两个，一般是一发一收，光纤跳线也必须有两根，否则端口间无法进行通信。

②GBIC 端口：交换机端口上的 GBIC 插槽用于安装吉比特端口转换器（Giga Bit-rate Interface Converter，GBIC）。GBIC 模块是将千兆位电信号转换为光信号的热插拔器件，分为用于级联的 GBIC 模块和堆叠的 GBIC 模块，如图 2-9 所示。用于级联的模块又分为适用于多模光纤或单模光纤的不同类型。

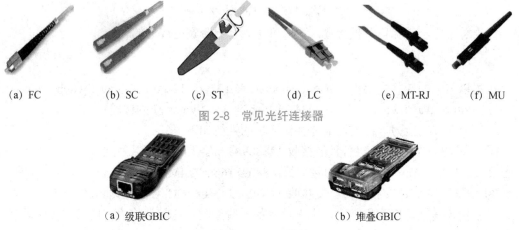

| (a) FC | (b) SC | (c) ST | (d) LC | (e) MT-RJ | (f) MU |

图 2-8　常见光纤连接器

（a）级联 GBIC　　　　　　　　　　　　　　（b）堆叠 GBIC

图 2-9　GBIC 模块

③SFP 端口：小型机架可插拔设备（Small Form-factor Pluggable，SFP）是 GBIC 的升级版本，如图 2-10 所示，其功能基本和 GBIC 一致，但体积减小一半，可以在相同的面板上配置更多的端口。

（a）1000BASE-T SFP　　　　　　　　　　　　（b）1000BASE-SX LC SFP

图 2-10　SFP 模块

（2）MAC 地址表。交换机可以识别网络节点的 MAC 地址，并把它放到 MAC 地址表中。MAC 地址表存放在交换机的缓存中，当需要向目的地址发送数据时，交换机就在 MAC 地址表中查找对应 MAC 地址的节点位置，然后直接向这个位置的节点转发。不同档次的交换机端口所能支持的 MAC 地址数量不同。在交换机的每个端口，都需要有足够的内存来记忆这些 MAC 地址，所以缓存容量的大小决定了交换机所能记忆的 MAC 地址数。

（3）包转发速率。包转发速率也称端口吞吐率，指交换机进行数据包转发的能力，单位为 p/s。包转发速率是以单位时间内发送 64B 数据包的个数作为计算标准的。对千兆交换机来说，计算方法如下：

$$10^6 \times 1000 \div 8 \div (64+8+12) = 1488095 \text{p/s}$$

当以太网帧为 64B 时，需要考虑 8B 的帧头和 12B 的帧间开销。据此，包转发速率的计算方法如下：

包转发速率＝千兆端口数量×1.488Mp/s＋百兆端口数量×0.1488Mp/s＋其余端口数量×相应的计算方法

（4）背板带宽。交换机的背板带宽是指交换机端口处理器和数据总线之间单位时间内所能传输的最大数据量。背板带宽标志了交换机总的交换能力，单位为 Gb/s，一般交换机的背板带宽从几兆位/秒到上百兆位/秒。交换机所有端口能提供的总带宽计算公式如下：

$$总带宽=端口数×端口速率×2（全双工模式）$$

如果总带宽小于标称背板带宽，那么可认为背板带宽是线速的。

3. 交换机性能比较

这里以常见的 3 款交换机：3Com Superstack II 3300: 12-Port N-Way Switch、Baystack 350T 16-Port N-Way Switch、Cisco 2924:24-Port N-Way Switch 作为比较对象。

（1）处理包的能力。在理论上 3 种交换机的性能如下：

①12 口的 N-Way 交换机每秒能接收 148809×12p/s=1.8Mp/s 的数据包。

②16 口的 N-Way 交换机每秒能接收 148809×16p/s=2.4Mp/s 的数据包。

③24 口的 N-Way 交换机每秒能接收 148809×24p/s=3.6Mp/s 的数据包。

以上仅仅是理论值，实际上，由于设备的一些原因，这些品牌的交换机的实际处理能力如下：

①Superstack II 3300 每秒处理 0.5M 数据包，所以只达到理论值的 0.5/1.8=28%。

②Baystack 350T 每秒处理 1.6M 数据包，所以只达到理论值的 1.6/2.4=67%。

③Cisco 2924 每秒处理 3M 的数据包，所以只达到理论值的 3/3.6=83%。

由 3 个数据得知，Superstack II 3300 为不合格产品，Baystack 350T 勉强合格，Cisco 2924 算是不错的产品。

（2）交换宽带。理论上 3 种交换机每秒能交换的数据如下：

①12 口：200×12=2400Mb/s。

②16 口：200×16=3200Mb/s。

③24 口：200×24=4800Mb/s。

通过表 2-9 可以比较各产品的性能。

①Superstack II 3300 的实际带宽为 800Mb/s，所以只达到理论值的 800/2400=33%。

②Baystack 350T 的实际带宽为 1200Mb/s，所以只达到理论值的 1200/3200=37.5%。

③Cisco 2924 的实际带宽为 3200Mb/s，所以只达到理论值的 3200/4800=67%。

表 2-9　各种交换机的性能

性能指标	3Com SSII	Baystack 350T	Cisco 2924	D-Link 5016	D-Link 5024
Port Count	12	16	24	16	24
带宽	800Mb/s	1.2Gb/s	3.2Gb/s	3.2Gb/s	4.8Gb/s
带宽使用率	33%	37.5%	67%	100%	100%
处理封包数	0.5×106	1.6×106	3×106	2.38×106	3.2×106
处理封包百分比	28%	67%	84%	100%	90%

4. 交换机产品的选择

在网络设计建议方案中需要明确选用的设备产品型号及报价。选择能够适合该工程使用的产品并不难，但是在众多的厂商、产品型号、性能参数中挑选出最佳产品却不是一件简单的事。基本的方法是"经验+厂商推荐"，即通过工程经验选择产品，如果经验不足，可咨询产品厂商的技术支持或销售代表，他们更了解自己的产品。

由于需求不同，因此交换机产品的选择也有很大的差异。基本选择原则是满足功能和价位需求，主要考虑以下几个方面。

（1）功能需求。这些功能需求包括端口数量、端口带宽、背板带宽及可网管、划分 VLAN、堆叠等。

（2）扩展能力和先进性。例如，可能增加的用户数量、核心交换机的可扩展能力、IPv6 的支持等。因为网络产品的更新换代很快，很少会有三五年后不淘汰的产品。所以，扩展功能和先进性不必要求过高，以避免浪费投资成本，但仍要满足未来 3 年能够预测的需求。

（3）价位。如果能满足功能需要的产品很多，合理的价位将是决定网络产品能否成功销售的必要条件，首先应该考虑用户接受的能力，如投资预算、用户的经济状况等。其次要考虑该价位的产品是否具有竞争力，即性价比是否较高。

（4）品牌。尽量选择服务好、质量可靠的品牌产品，并选择同一厂商的产品。这样便于将来对网络的统一管理和维护，也能减少因不同厂商设备的兼容性问题带来的麻烦。

2.2.2　影响网络设备选型的因素

选择交换机不仅需要参照网络拓扑结构，还需要参照网络布线系统图，这样才能准确地计算出交换机的数量和需要配置的端口数量。下面举两个例子来说明布线系统不同对交换机选择的影响。

1. 一个配线间的布线系统

如图 2-11 所示，建筑 A 只有一个配线间，该建筑的所有用户都连接到这个配线间，并通过光纤连接到网络中心的建筑。用户的信息点数量共计 45（10+15+20=45）个。图中交换机的选择方法有多种。

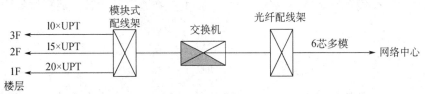

图 2-11　建筑物 A 只有一个配线间的布线系统

（1）选择一台 48 口 10/100BASE-T 的交换机，并配置一个 1000BASE-SX 光纤端口。

（2）也可以选择两台 24 口 10/100BASE-T 的交换机进行堆叠，需要配置两个 1000BASE-T 的堆叠端口和一个 1000BASE-SX 光纤端口。

（3）还可以选择两台 24 口 10/100BASE-T 交换机分别上连，配置两个 1000BASE-SX 光纤端口。

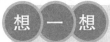

以上三种方案各有哪些优劣？

如果布线系统已经完成，则只要仔细查阅布线系统图即可。如果还没有设计布线系统，那么只能按照设计的网络拓扑结构选择设备，否则不能准确地确定端口数量。

2. 两个配线间的布线系统

仍然以上述建筑为例，由于这栋建筑狭长，按照一个设备间的结构设计，建筑物内 3 层上的一些用户信息点到配线间的距离超过 90m，布线系统必须设置两个配线间，如图 2-12 所示。

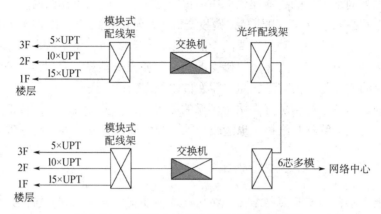

图 2-12　建筑物 A 有两个配线间的布线系统

虽然用户的总数量仍然为 45 个，但是交换机的数量发生了变化，上行连接到网络中心的线路也有两种选择。可以试着算一下，有几种可能的交换机设备选择和端口配置方案。

通常，在设计网络系统之前，建筑物的网络布线系统已经安装好，在选择网络设备时，只需要确认网络布线系统的设计和安装位置。如果建筑物没有安装布线系统，需要改造，则需要同时设计布线系统和网络系统。这时，最好在布线系统设计之后再进行网络设备的选择。

2.2.3　接入层交换机的选择

局域网的接入设备是指用户接入网络使用的交换机。在大中型广域网中接入层设备是指接入网络使用的路由器。下面重点讨论接入交换机的选择。

对于分散用户的接入，通常使用固定端口的交换机，一般配置 24 或 48 口 10/100Mb/s BASE-T，如 Cisco 的 2900 系列交换机。对于集中用户的连接，可以使用能够提供密集端口的交换机，可提供上百个端口，如 Cisco 的 4500 系列交换机。为了节约成本，也可以使用多台固定端口的可堆叠交换机。选择接入交换机比较容易，主要考虑以下几点。

1. 端口数量

提供足够的用户连接端口。端口数量及交换机数量的计算需要结合布线系统，根据配线间的用户端口需求计算交换机数量。

2. 支持网络管理

某些小型网络为了降低成本，可选用不含操作系统的交换机，如一台 24 口交换机仅几百元。大中型的局域网通常需要支持网络管理，选择的交换机必须支持网络管理。

3. 支持 VLAN

大中型局域网通常需要划分 VLAN，选择的交换机必须支持 VLAN 技术。

4. 支持堆叠

在一些配线间，如果用户接入比较集中，为了减少上行链路的成本，可选择支持堆叠技术的交换机。

5. 千兆上连

如果需要上连到汇聚层，则选择的交换机具有千兆的光纤和铜缆上行端口。

6. 接入层交换机选择案例

假定 A 楼的 3、5、8 层分别有一个管理间，其中 3 层管理间负责连通 1、2、3 层用户，共有信息点 110 个，计划使用点数为 81；5 层配线间负责连通 4、5、6 层用户，共有信息点 132 个，计划使用点数为 104；8 层管理间负责连通 7、8、9、10 层用户，共有信息点 154 个，计划使用点数为 123。

为满足计划使用信息点的要求，现对各管理间进行具体配置。

（1）3 层管理间配置两台 Cisco 2950-48（48 个 10/100Mb/s 端口，两个 GBIC 插槽），配置一块 SC 接口多模 GBIC（WS-G5484）用于上连核心交换机。配置两块堆叠模块（WS-X3500-XL）用于两台 Cisco 2950-48 交换机堆叠。3 层管理间提供的接入能力是 96 个 10/100Mb/s 端口。

（2）5 层管理间配置两台 Cisco 2950-48 和一台 Cisco 2950-24（24 个 10/100Mb/s 端口，两个 GBIC 插槽），配置一块 SC 接口多模 GBIC（WS-G5484）用于上连核心交换机。配置 3 块堆叠模块（WS-X3500-XL）用于 3 台 Cisco 2950 交换机堆叠。5 层管理间提供的接入能力是 120 个 10/100Mb/s 端口。在 5 层的配置中，选择了 Cisco 2950-24 而没有选择 12 口 10/100Mb/s 的 Cisco 2950-12，这是因为 Cisco 2950-24 的价格比 Cisco 2950-12 的价格稍高，却提供了 24 个端口，使得单个端口平均价格降低，且为将来接入新的信息点留出了余量。另外，也未配置 3 台 Cisco 2950-48，这是因为配线的设计信息点数为 132 个，如果选用 3 台 Cisco 2950-48 将会造成 12 个端口的浪费。

（3）8 层管理间配置 3 台 Cisco 2950-48，配置一块 SC 接口多模 GBIC（WS-G5484）用于上连核心交换机。配置 3 块堆叠模块（WS-X3500-XL）用于 3 台 Cisco 2950 交换机堆叠。8 层管理间提供的接入能力是 144 个 10/100Mb/s 端口。

从以上的配置情况反映出费用是相当重要的因素，在可扩展性和费用之间平衡考虑是方案设计的一个要点。

2.2.4　汇聚成交换机的选择

大型网络需要设计汇聚层。局域网的汇聚层设备是指接入交换机与核心交换机之间的汇聚交换机，而广域网的汇聚层设备是指接入路由器与核心路由器之间的路由器。这里重点讨论汇聚交换机的选择。

汇聚交换机的接入端口用于连接接入交换机，需要提供千兆的光纤或铜缆端口，端口数量通过接入交换机的上行线路确定。在大型局域网中一般都会使用 VLAN 技术而且需要支持网络管理。汇聚层交换机必须支持 VLAN 技术和三层交换功能，能够实现 VLAN 之间的通信和访问控制。汇聚交换机上行连接到核心交换机，需要提供千兆以上端口，最好是万兆端口。当然，万兆交换机的成本较高，同时，核心交换机也必须支持万兆交换。汇聚交换机也需要适当考虑网络可扩展性问题。

2.2.5 核心层交换机的选择

核心层设备是指网络结构中的核心层设备，在星形和树形网络结构中，"核心"可理解为中心。在某些网络结构中没有核心，如环形等。局域网的核心设备是核心交换机，广域网的核心设备是核心路由器。核心交换机提供局域网的高速交换，一般采用性能较高的中、高档交换机。核心路由器提供互联网络的高速交换和路由，一般采用性能较高的中、高端路由器。这里重点讨论核心交换机的选择，主要考虑以下几个方面。

1. 端口数量

首先应确认网络基本需求的核心交换机端口数量，需要根据设计的网络结构和布线系统连接来判断。例如，从图 2-13 某企业网络拓扑结构中可以看出核心交换机端口的最低要求，见表 2-10。

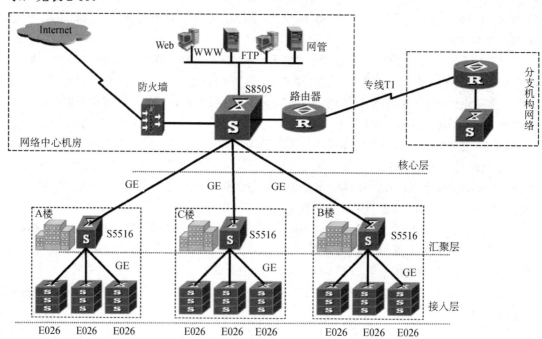

图 2-13　某企业网络拓扑图

表 2-10　核心设备端口的最低要求

端口描述	规　格	数　量	连　接
千兆光纤端口	1000BASE-SX	3	接入层交换机
千兆铜缆端口	100/1000BASE-TX，RJ45	4	服务器
百兆铜缆端口	10/100BASE-TX，RJ45	3	管理、防火墙、路由器

2. 交换能力

交换机的交换能力一般是通过交换容量和吞吐量来衡量的。交换容量也称背板带宽，是指交换机的 CPU 和数据总线能够处理的最大数据，用速率单位表示，一般为 Gb/s。交换容量越大，交换能力就越强，成本也越高。吞吐量是指使用 64B 的数据包测试所达到的转发速度，单位为 Mp/s，吞吐量的值越大，交换能力越强。所有端口的线速转发是指交换机的每个端口能够同时达到端口标称带宽的数据转发速率。厂商的设备说明一般都会标注这些性能指标。

我们可以对用户需求的交换机容量进行估算。核心交换机的交换容量需求为其接入带宽的总和，这个数值是满足需求的最低要求。交换容量需求如下：

交换容量需求=$(3 \times 1000+4 \times 1000+3 \times 100) \times 2/1000=14.6$Gb/s

按照这个交换容量，可以计算出理论的吞吐量需求如下：

理论吞吐量需求=$14.6 \times 1000/(64 \times 8) \approx 28.5$Mp/s

需要注意的是，由于实际的网络数据传输不可能都是 64B 的数据包，实际的数据流量与网络结构、服务器位置、用户的数据需求等多种因素相关，需要进行流量分析和实验才能比较准确地估算出来。因此，上述的吞吐量只是在选择交换机时衡量交换能力的一个参考。

3. 扩展能力

网络的扩展能力是指在基本结构和性能基本保持不变的情况下，现有规模的网络可以增加连接用户的端口数量。扩展能力主要体现在网络的核心层，包括带宽容量和端口容量的富余。网络的可扩展能力可使网络能够适应用户单位一段时间内的应用需求变化，具体需要保留多少富余的端口应视用户单位未来的发展情况而定。然而，未来的发展很难预测，扩展余量的度是很难把握的。这需要设计者根据客户的发展规划、案例经验和设备产品的生命周期来选择。建议选择较强的扩展性，以支持用户不可预测的发展。

例如，企业现有 115 个客户，未来 3～5 年可能增加到 300 个用户。交换机的生命周期为 5 年，选择核心交换机的交换容量能满足 300 个用户的需求即可。但是，仍建议采用支持 500 个用户及以上交换容量的交换机。厂商为了加强设备的可扩展性，设计了很多模块化设备，用户还可以根据需要配置或增加连接端口的数量。

4. 确定设备型号和配置模块

通过上面的分析，查询厂商网站或咨询厂商服务人员，确定设备的具体型号以及需要配置的模块。

2.2.6　综合布线工程设计文档编制

在网络工程项目中，网络工程的方案设计是最重要的技术工作之一。对系统集成商来说，方案设计工作可能十分烦琐，因为每次投标都必须提供设计方案，尽管中标的可能性只有约 10%，但每个设计方案都应认真完成。

1. 方案内容

综合布线的设计文档主要由设计方案和施工图样两部分组成。设计方案是设计人员经过与用户多次反复协商得到的深入设计材料，它体现了用户单位的需求及设计人员的详细设计思路。设计方案主要包括用户需求分析、设计标准与依据、产品选型、各子系统的详细设计、施工组织、工程验收与测试、系统报价清单等内容。施工图样主要包括系统图和平面图两部分。

2. 方案编写方法

如果能够顺利完成上述网络设计的步骤，则编写设计方案只不过是编辑、整理电子文档的过程。网络设计方案是给用户及专家评委看的，应注重公司形象及技术人员能力的体现。通常使用微软的 Word 编写，注意内容完整、美观、无错别字，装订也要尽量精美，以便给用户留下好印象。

编写方案也是网络工程师的一种基本能力，要求设计者有一定的写作能力。但是，无论写作能力有多好，对于一个初学网络设计的人来说，总是无从下手的。一个经历多年考验的系统集成公司，积累了各种类型网络的成功设计方案，可用于公司新人的设计参考，有的公司甚至设计了多个类型的方案编写模板，经过简单的替换修改，很快就能完成。因此，初学者应注意收集各种类型的设计方案。但是，设计人员必须清楚撰写方案的一般方法和思路。

3. 方案格式说明

编写设计方案的格式没有统一的要求，形式有多种，内容安排也不完全相同。但主要内容基本一致。以下给出一种常见的方案格式说明。

（1）封面。封面应注明标题，如《××××网络系统设计方案书》等，在封底注明公司名称、设计日期。

（2）目录。目录指的是方案设计内容的详细目录，包括条目和页号。

（3）引言。引言指的是开场白，介绍当前的网络互联发展形势、用户网络现状和组建网络的必要性等。

（4）设计方案。

①用户需求分析：简要介绍网络工程概况，描述用户的网络需求，分析对应用户需求所采用的组网策略及将实现的功能，并分析可行性等。

②总体设计：简单描述设计原则（可用性、可靠性、可扩展性、可管理性、安全性、先进性等）、设计目标（将实现的主要功能）和设计标准（采用的标准及类似成功案例）。

③产品选型：首先，介绍厂商并说明选择该厂商的原因；然后，介绍选择的各种型号设备，包括主要功能和端口配置，并说明选择该型号产品的理由；最后，列出产品清单。

④详细方案设计：这部分是设计方案的核心，它体现了设计人员根据用户需求，使用推荐的综合布线产品进行各个子系统设计的思路。详细方案设计主要包括 7 个子系统的设计，即工作区子系统、水平子系统、垂直子系统、设备间子系统、进线间子系统、建筑群子系统和管理间子系统，另外还要考虑建筑物的防雷和接地的设计内容。

⑤施工组织：描述技术施工队伍、施工进度、施工管理等。

⑥工程测试验收：主要包含测试标准、测试内容、铜缆测试方案、光缆测试方案、工程验收程序等内容。

⑦售后服务承诺：一般综合布线厂商都可以提供 15 年的产品质量保证，施工单位除了向用户提供综合布线产品质量保证外，还应该与用户协商提供周到的系统维护服务。

⑧工程设备清单及报价：根据方案设计内容，对 7 个子系统所用设备及施工辅助材料进行统计汇总，得到整个工程项目所需的设备及材料清单，并根据市场价格估计整个系统的工程预算。

（5）施工图纸。

①系统图。综合布线系统图是所有配线架和电缆线路全面通信空间的立面详图，在图中应包括以下几个主要内容。

● 工作区：各层的信息插座型号和数量。

● 水平子系统：各层水平电缆型号和根数。

● 垂直子系统和建筑群子系统：从 BD 到 FD 的干线线缆型号和根数、线缆敷设路由；从 CD 到 BD 的线缆型号和根数、线缆敷设路由；各管理配线架的设备类型、数量等。

● 电信间和设备间的位置及主要设备；进线间的位置及电信和网络进线的位置。

● 设计说明：包括简单的工程概况、设计依据、主要施工方法和注意事项等。

以一个简单楼宇为例，图 2-14 所示为一张典型的综合布线系统图。

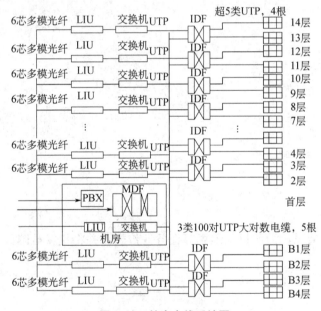

图 2-14　综合布线系统图

②平面图。综合布线系统的平面图是表示工程项目总体布局、建筑物的外部形状、内部布置、结构构造、内外装修、材料选型、施工等要求的图样。综合布线系统的平面图是进行工程施工的依据，也是进行技术管理的重要技术文件，要求表达准确和具体。综合布线系统的平面图是反映整个布线路由走向的一个直观表示，是设计意图的表现。图 2-15 为图 2-14 中 3 楼的施工平面图。

从图 2-15 中可以看出，平面图应包含如下内容：

● 电信间进线的具体位置、高度、进线方向、过线管道数量及管径。

- 每层信息点的分布和数量，信息插座的规格及安装位置。
- 水平线缆路由，水平线缆布设的规格及安装方式。
- 弱电竖井的数量、位置和大小，主干电缆布设所有线槽的规格及安装方式。

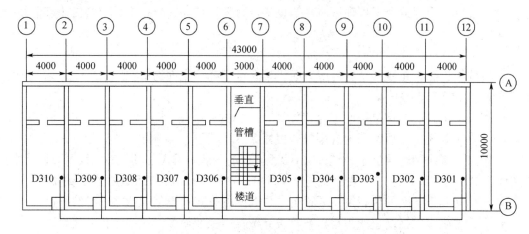

图 2-15　综合布线系统的平面图

任务实施

1. 设计标准页面。
2. 自行设计封面。
3. 设计三级目录。
4. 撰写正文内容。
5. 参加成果分享。

2.2 任务实施

任务评价

根据任务完成情况，简明扼要地填写任务评价表，并将相关截图上传。

2.2 任务评价

归纳总结

通过本单元的学习，在用户需求分析的基础上，完成对综合布线工程的整体设计和各个子系统的设计，同时了解网络设备选型的方法和技巧。此时，读者应能够完成对综合布线工程各个环节的设计，并为用户提供一个切实可行的整体解决方案。

在线测试

本任务测试习题包括填空题、选择题和判断题。

2.2 在线测试

技能训练

某办公大楼高 12 层（层高 3.5m），计算机中心设在 6 层，电话主机房设在 6 层，但不在同一位置。要求每层 50 个信息点，50 个语音点（最近 20m、最远 80m），总计数据点 600 个，语音点 600 个。数据、语音配线子系统均使用 6 类非屏蔽双绞线电缆；数据垂直干线电缆采用室内 6 芯多模光纤；语音垂直干线系统采用 5 类 25 对大对数电缆。请计算：

1. 跳线数量、信息模块数量、信息插座底盒和面板数量。
2. 水平子系统线缆数量。
3. 垂直子系统线缆数量。
4. 数据配线架需求数量。
5. 光纤配线架需求数量。

单元3　网络工程设计

网络工程设计就是要明确采用哪些技术规范，构筑一个满足应用需求的网络系统，从而为用户要建设的网络系统提供一套完整的实施方案。网络工程设计是一个把网络需求目标向技术解决方案映射的过程，是网络工程项目实施的重要依据，是网络系统集成的核心内容，其涉及两个层面：物理层面的网络设计，包括综合布线系统设计、设备选型等；逻辑层面的网络设计，主要工作是选择能实现网络需求的技术。

学习目标

通过本单元的学习，学生能够了解网络工程设计的目标与原则，掌握主流以太网、VLAN 封装、STP、链路聚合、拓扑结构、IP 地址知识、静态路由和动态路由等概念及工作原理基本知识。

- 掌握网络技术选择、网络拓扑结构设计、网络地址规划与设计和网络系统路由设计等技能；
- 具备规划与设计可靠性高、扩展性好的互联网络系统的能力；
- 具有大国工匠精神、团队协作精神以及良好的社会公德。

3.1　探究网络工程设计案例

任务场景

如图 3-1 所示为某组织的网络拓扑结构设计图，请分析该网络拓扑结构是如何体现网络工程设计的基本原则的。

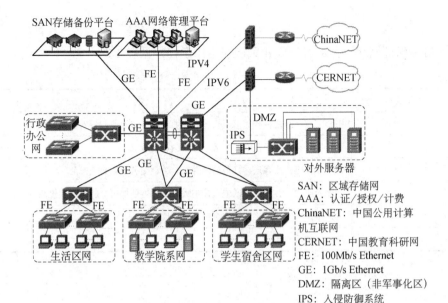

图 3-1 网络拓扑结构设计图

SAN：区域存储网
AAA：认证／授权／计费
ChinaNET：中国公用计算机互联网
CERNET：中国教育科研网
FE：100Mb/s Ethernet
GE：1Gb/s Ethernet
DMZ：隔离区（非军事化区）
IPS：入侵防御系统

任务布置

1. 研究如何确定网络设计目标。
2. 研究互为矛盾体的技术指标之间如何平衡。
3. 学习网络体系结构的基本知识。

知识准备

3.1.1 网络工程设计的目标

每个单位及其网络都是唯一的，因此设计目标是不相同的；设计目标要竭力匹配网络需求说明书中的内容；网络工程设计中包含两类目标：组织目标和技术目标。

1. 组织目标

组织目标有助于对网络中使用的产品和技术进行定位，见表 3-1。

表 3-1 网络工程设计组织目标举例

目　标	现　状	措　施
增强竞争力	其他公司有响应速度更快的基于网络的销售/客户管理系统	加强网络建设，使用具有销售跟踪和合作伙伴关系跟踪的应用系统
降低运行成本	数据不统一，多次输入，维护工作量大	数据统一平台建设，提高数据的可用性
增加客户支持	无订单跟踪技术支持	引入基于网页客户支持技术的订单跟踪
增加新的服务	电话/传真订购；电话/传真确认	安全的基于网页的订购，安全的基于网页的确认

2. 技术目标

技术目标保证网络数据的可访问和关键应用的运行，见表 3-2。

表 3-2　网络工程设计技术目标举例

技术指标	重要性比重	说　　明
吞吐量	25%	中心节点（网络核心与汇聚设备和企业级服务器设备）最为重要
可靠性	25%	链路质量、设备稳定性、环境干扰控制最为重要
安全性	15%	公司商务机密（客户、订单信息等）、关键交易数据必须安全
可扩展性	20%	当响应能力、吞吐量降低或规模扩大时可以方便地再分解网络、提高带宽、增加端口
可管理性	10%	保证维护方便：可靠性、安全性、可扩展性
先进性	5%	对以后技术的支持

3.1.2　网络工程设计的原则

网络工程设计基本原则的确定对网络工程的设计和实施具有重要的指导意义。

1. 实用性原则

计算机设备、服务器设备和网络设备在技术性能逐步提升的同时，价格却在逐年下降，没必要实现所谓的"一步到位"。因此，在网络工程设计中应把握"够用"和"实用"原则，网络系统应采用成熟可靠的技术和设备，达到实用和经济的有效结合。

2. 开放性原则

网络系统应采用开放的标准和技术，如 TCP/IP 协议、IEEE 802 系列标准等，以利于未来网络系统的扩展和在需要时与外部网络的互通。

3. 高可用性/可靠性原则

无论是事业单位还是私营企业，网络系统的可靠性都是网络工程的生命线。例如，证券、金融、铁路、民航等行业的网络系统应确保有很高的平均无故障时间和尽可能低的平均故障率，在这些行业的网络工程设计中，高可用性和系统可靠性应被优先考虑。

4. 安全性原则

在网络工程设计中，既要考虑信息资源的充分共享，又要注意信息的保护和隔离。在企业网、政府行政办公网、国防军工部门内部网、电子商务网站等网络工程设计中应重点体现安全性原则，确保网络系统和数据的安全运行；而在社区网、城域网和校园网中，安全性的考虑则相对较弱。

5. 先进性原则

建设一个现代化的网络系统，应尽可能采用先进而成熟的技术，应在一段时间内保证其主流地位。网络系统应采用当前较先进的技术和设备，符合网络未来发展的方向。但是，太新的技术也存在缺点：一是不成熟；二是标准还不完备、不统一；三是价格高；四是技术支持力量跟不上。

6. 可扩展性原则

为了满足用户目前的需求和用户业务不断增长的需求，网络总体设计不仅要考虑近期目标，也要为网络的进一步发展留有扩展的余地，因此，网络工程设计应在规模和性能两方面具有良好的可扩展性。

7. 网络设计的其他原则

（1）"核心简单，边缘复杂"原则。在进行网络设计时，应保证核心层结构简单，但性能要求高；接入层一般结构复杂，但性能要求低于核心层。

（2）"弱路由"原则。路由器容易成为网络瓶颈，因此应传输尽量少的信息。一般在连接外网时使用路由器，而在内网中尽量使用3层交换机。

（3）"80/20"原则。在进行局域网设计时，应保证一个子网数据流量的80%是该子网内的本地通信，只有20%的数据流量发往其他子网。

（4）"影响最小"原则。因网络结构改变而受到影响的区域应被限制到最小。

（5）"2用2备2扩"原则。由于主干光纤布线困难，因此在主干光纤布线时应考虑2芯光纤正常使用，2芯光纤用于链路备份，2芯光纤留给系统以后的扩展。

（6）"技术经济分析"原则。网络设计通常包含许多权衡和折中，成本与性能通常是最基本的设计权衡因素。

（7）"成本不对称"原则。设计局域网时，对线路成本考虑相对较少，对设备性能考虑较多，应追求较高的带宽和良好的扩展性。

3.1.3　网络体系结构设计

计算机网络体系结构设计的任务主要包括以下几个方面。

1. 物理层设计

（1）确定在网络的不同位置使用何种传输介质。计算机网络中使用的传输介质主要有双绞线（UTP/STP）、同轴电缆（粗缆/细缆）、光纤（单模/多模）和无线传输介质（红外线、蓝牙、微波、射频无线电）等。不同传输介质具有不同的传输特性，其中传输距离和传输速率是影响传输特性的两个主要因素。例如，UTP双绞线的传输距离被限制在100m内，5类UTP双绞线的最高数据传输速率为100Mb/s。常用传输介质的分布位置见表3-3。

表3-3　传输介质的分布位置

传输介质	分布位置
双绞线	桌面布线 同一楼层布线 楼层间互连
光纤	楼与楼之间互连 楼层交换机互连 桌面布线（用在极少数高性能计算场所）

（2）确定物理层标准。目前，局域网组网工程中主要采用以太网技术，以太网的物理层标准成员见表3-4。

表 3-4　以太网的物理层标准成员

MAC 标准	802.3	802.3a	802.3i	802.3j
物理层标准	10BASE-5	10BASE2	10BASE-T	10BASE-F
MAC 标准	802.3u	802.3u	802.3u	802.3x&y
物理层标准	100BASE-FX	100BASE-TX	100BASE-T4	100BASE-T2
MAC 标准	802.3z	802.3ab	802.3ae	802.3ae
物理层标准	1000BASE-X	1000BASE-T	10G BASE-LR/LW	10G BASE-ER/EW

从表 3-4 中可以看到，物理层标准包括两方面的指标：数据速率和传输介质。数据速率包括 10Mb/s、100Mb/s、1Gb/s 和 10Gb/s；传输介质包括双绞线、同轴电缆（10BASE-5，10BASE-2）和光纤。物理层标准分布位置见表 3-5。

表 3-5　物理层标准分布位置

物理层标准	分布位置
10 BASE-T	桌面
100 BASE-TX	桌面 楼层交换机互连
100 BASE-FX	楼层交换机互连 桌面（极少数高性能计算场所）
1G BASE-CX	楼层交换机互连 楼与楼之间互连
1G BASE-SX	服务器与交换机互连 楼层交换机互连
1G BASE-LX	楼与楼之间互连 园区之间互连
10G BASE	园区之间互连

2. MAC 子层设计

因为逻辑链路控制子层（LLC）提供的数据服务对不同的 MAC 子层是一致的，所以计算机网络的数据链路层设计主要体现在 MAC 技术的选择上。局域网可以分为共享式以太网和交换式以太网。这两种网络的区别就在于 MAC 方式的不同。共享式以太网的 MAC 方式支持多个工作站争用同一信道，如 802.3 以太网、802.4 令牌总线网、802.5 令牌环网、FDDI 网等。交换式以太网中的工作站使用点到点信道，不存在信道争用问题。

MAC 子层的设计包括以下内容：确定 MAC 标准，选择 802.3 以太网系列还是选择其他的计算机网络；确定采用共享式还是交换式。这两方面很重要，因为它们决定了选择什么样的设备和设计什么样的硬件平台。当前，计算机网络 MAC 子层的设计趋势是交换式以太网。一个全交换式的园区计算机网络如图 3-2 所示。

交换式计算机网络设计的核心内容是确定各个级别交换机的配置。目前，这一点很容易实现，因为交换机的供应商已经专门设计了各个级别的交换机。设计者需要做的工作是给出计算机网络交换机需具备的性能指标，以及对现有产品进行评估和比较。

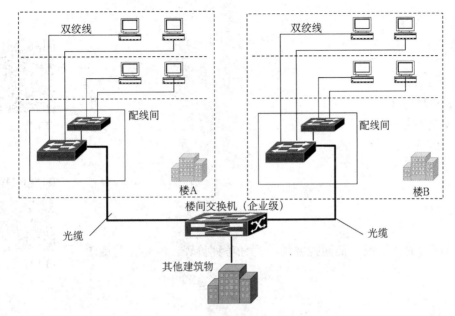

图 3-2 全交换式的园区计算机网络

3. 网络层设计

当计算机网络中存在多个子网要相互通信时，需要使用路由器来实现网络互连，主要解决以下 3 个问题。

（1）帧格式转换：在网络之间进行数据帧格式的转换，其转换原理如图 3-3 所示。

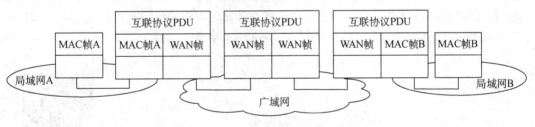

图 3-3 数据帧格式的转换

（2）路由选择：选择 IP 数据包的最优传输路径。

（3）地址解析：进行 IP 地址与 MAC 地址之间的映射。

另外，网络层设计需要确定以下 3 个方面的协议。

①互联协议：常见的第 3 层协议，如 IP、IPX 或 Apple Talk 等。

②路由协议：路由协议的作用是生成互联协议进行路由选择时使用的路由表。常用的路由协议有静态路由协议、RIP、OSPF、BGP 等。

③地址解析协议：常用的有 ARP/RARP、BOOTP、DHCP 等。

目前，互联协议多采用 IP 协议，而传输层协议采用 TCP 和 UDP。TCP/IP 协议栈因 Internet 的广泛应用而成为互联网协议的主导。

任务实施

1. 可靠性分析。
2. 扩展性分析。
3. 安全系分析。
4. 先进性分析。
5. 开放性分析。

3.1 任务实施

任务评价

根据任务完成情况，简明扼要地填写任务评价表，并将相关截图上传。

3.1 任务评价

归纳总结

网络工程建设目标关系到现在和将来几年用户方的网络信息化水平及网络应用系统的成败，因此，在网络工程设计之前应对设计原则进行平衡，并确定各项原则在方案设计中的优先级。网络体系结构设计指确定计算机网络的层次结构及每层所使用的协议。就局域网而言，它所覆盖的层次主要包括物理层和数据链路层，其中设计的重点是物理层和 MAC 子层；而广域网的物理线路和传输服务属于电信公共网络，不属于计算机网络物理层的设计范围。计算机网络用户所要做的工作是选择一种接入方式和租用某种传输服务，但是出于计算机网络互联的需要，还需设计高层的协议及互联通信技术。

在线测试

本任务测试习题包括填空题、选择题和判断题。

3.1 在线测试

技能训练

如图 3-4 所示，信息中心距图书馆 2km，距教学楼 300m，距实验楼 200m，图书馆的汇聚交换机置于图书馆主机房内，楼层设备间共 2 个，分别位于第二层和第四层，距图书馆主机房距离均大于 200m。

根据网络的需求和拓扑图，在满足网络功能的前提下，本着最节约成本的布线方式，传输介质 1 应采用（　　），传输介质 2 应采用（　　），传输介质 3 应采用（　　），传输介质 4 应采用（　　）。

A. 单模光纤　　　　　B. 多模光纤　　　　C. 基带同轴电缆　　　　D. 宽带同轴电缆

E. 1 类双绞线　　　　F. 5 类双绞线

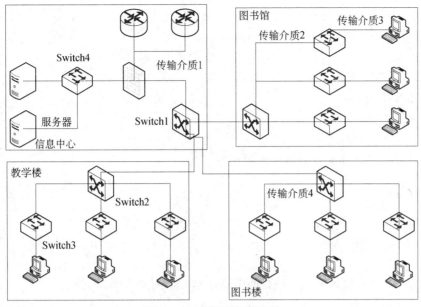

图 3-4　某校园网拓扑结构

3.2　利用链路和设备冗余提高网络可靠性

任务场景

某公司采用如同 3-5 所示的网络拓扑结构，子网使用 192.168.10.0/24 和 192.168.20.0/24，要求能够隔离不同子网的广播流量，避免广播风暴的发生，解决网络拥塞问题和提高网络的健壮性，请给出网络设计方案。

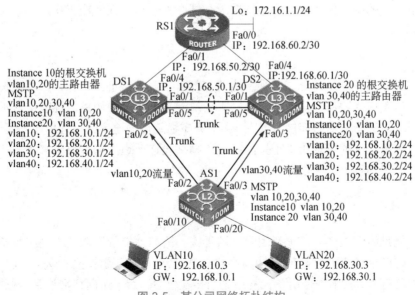

图 3-5　某公司网络拓扑结构

任务布置

1. 探究 VLAN 技术。
2. 探究 STP 技术。
3. 探究链路聚合技术。
4. 探究网关荣誉技术。
5. 设计提高网络可靠性的解决方案。

知识准备

3.2.1 网络技术选择的要素

选择适合网络系统集成工程项目的网络技术时，需要考虑如下要素。

1. 初期成本估计

在需求分析阶段已经确定了网络系统集成项目的资金预算，但这只是一个估计值，而成本费用会直接影响网络技术的选择，尤其是在逻辑设计阶段有更好的技术解决方案时，成本费用就会超过已确定的资金预算标准。

2. 网络服务评估

在做出技术选择之前，需要考虑网络应该提供的服务内容。网络服务的多样性决定了不同的需求提供的服务是不同的，同时还需要考虑网络管理和网络安全这两项关键的因素。网络安全计划必须与社会的政治文化相适应，也就是说，安全程序不必严格或复杂到干扰人们的工作。如果忽视了用户的工作方式和团体氛围，安全程序必然是失败的。人们总是趋向于走阻力小的路，如果安全程序变成一个绊脚石，员工在完成工作时，就会想方设法地回避它。

3. 技术选项评价

根据需求和现有网络情况，每种网络技术都有自己的特征。例如，广播通信可以提高通信效率，但是广播通信方式的技术选择不当或配置不当会对网络的性能造成很大影响；不同网络需求下选择的网络连接方式不一样，需要稳定传输速率的可选用面向连接的协议，不需要判定服务级别的可选用无连接的协议；网络设计要适应当前或未来需求，必须保证网络及应用程序具有可扩展性等。

3.2.2 VLAN 设计

网络性能是组织生产力的重要因素，用于改善网络性能的一项技术是将大型的广播域细分成较小的广播域。根据设计，路由器会拦截某个接口的广播流量。但是，路由器的 LAN 接口数量通常有限，其主要作用是在网络之间传输信息，而不是向终端设备提供网络访问。提供接入 LAN 的角色通常保留给接入层交换机，可以在二层交换机上创建虚拟局域网

（VLAN）来减小广播域的规模。

VLAN 通常融入网络设计中，为组织网络提供支持。尽管 VLAN 主要用在交换式局域网中，但是现代的 VLAN 能够跨 MAN 和 WAN 实施。由于 VLAN 将网络分段，因此需要三层设备允许流量从一个网段路由到另一个网段，可以使用路由器或三层交换机来实现此路由过程并控制各网段（包括由 VLAN 创建的网段）之间的流量，从而扩大 LAN 的规模和覆盖范围。

1. VLAN 实现途径

建立 VLAN 的条件是交换机要有相应的 VLAN 管理及协议。交换式以太网中实现 VLAN 主要有 4 种途径，见表 3-6，其中基于端口的 VLAN 划分方法应用较为普遍。

表 3-6　实现 VLAN 的主要途径

划分方法	类　型	优　点	缺　点	应用范围
基于端口的 VLAN	静态 VLAN	划分简单，性能好，大部分交换机支持，交换机负担小	手工设置较烦琐；用户变更端口时，必须重新定义	应用广泛
基于 MAC 的 VLAN	动态 VLAN	用户位置改变时不用重新配置，安全性好	所有用户都必须配置，交换机执行效率降低	一般
基于协议的 VLAN	动态 VLAN	管理方便，维护工作量小	交换机负担较重	应用较少
基于 IP 组播的 VLAN	动态 VLAN	可扩大到广域网，很容易通过路由器进行扩展	不适用于局域网，效率不高	应用较少

2. VLAN 的分类

网络中有很多和 VLAN 相关的术语，如默认 VLAN、管理 VLAN、本征 VLAN、业务 VLAN 和语音 VLAN 等，这些术语是按照网络流量的类型和 VLAN 所执行的功能进行定义的。

（1）管理 VLAN：用于管理功能。一般交换机的管理 VLAN 默认为 VLAN 1，可以创建新的 VLAN 作为管理 VLAN，实现远程管理交换机、IOS 升级与备份、测试交换机之间链路是否正常。

（2）本征 VLAN：用于未标记的流量，可以在交换机的 Trunk 接口上对本征 VLAN 进行设置。交换机上并非所有的流量都需要标记，一些用于管理用途的流量是没办法打标签的（如 STP），默认的本征 VLAN 为 VLAN 1。在使用本征 VLAN 时，需要注意，如果本征 VLAN 不一致，可能会引起流量乱窜，给网络设计带来问题。

（3）业务 VLAN：交换机上的终端都位于一个特定的 VLAN 中。

（4）语音 VLAN：用于标记语音流量的 VLAN。通常情况下，交换机的接口限制在一个 VLAN 中。如果交换机的接口被用于传输数据和语音，则该接口可同时被划分到业务 VLAN 和语音 VLAN 中。

3. 本地 VLAN 和端到端 VLAN

VLAN 流量可以在本地交换机或跨交换机传输，并终结于三层接口。在交换机上部署 VLAN 有两种方式：本地 VLAN 和端到端 VLAN。

（1）本地 VLAN。本地 VLAN 把 VLAN 的通信限制在一台交换机中，也就是把一台交换机的多个端口划分为几个 VLAN，如图 3-6 所示。

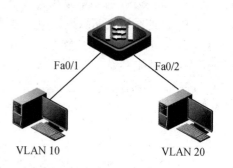

本地 VLAN 不进行 VLAN 的标记，交换机通过查看 VLAN 与端口的对应关系来区别不同 VLAN 的帧。在本地 VLAN 模型中，如果用户想访问到它们所需的资源，那么二层交换就需要在接入层来实施，而路由选择则需要在分布层和核心层实施。使用本地 VLAN 设计模型具有增强网络的可扩展性、隔离网络的故障域等优势。

图 3-6　本地 VLAN

（2）端到端 VLAN。在端到端 VLAN 模型中，各 VLAN 遍布整个网络的所有位置，网络中所有交换机都必须定义这些 VLAN，若其中的交换机上没有属于这些 VLAN 的活动端口，则 VLAN 的信息由中继链路（Trunk）来传输，如图 3-7 所示。在中继链路中，交换机要给某个 VLAN 的数据帧封装 VLAN 标识，并通过交换机或路由器的快速以太网接口来传输。

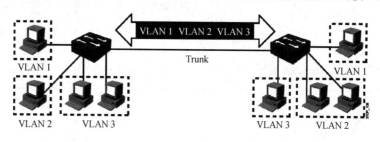

图 3-7　端到端 VLAN

4. VLAN 间的通信

没有三层设备的帮助，二层交换机无法在 VLAN 之间转发流量。VLAN 间的通信是使用三层设备将网络流量从一个 VLAN 转发至另一个 VLAN 的过程。

（1）用路由器实现 VLAN 间的路由。如图 3-8 所示为用路由器实现 VLAN 间路由的模型。图 3-8 中，路由器 R1 分别使用 2 个以太网接口连接到交换机 S1 的 2 个不同 VLAN 的接口中，由路由器 R1 把 2 个 VLAN 连接起来，主机 PC1 和 PC2 的网关分别配置成路由器 R1 接口 G0/0 和 G0/1 的 IP 地址，这样可以实现 VLAN 间的路由。

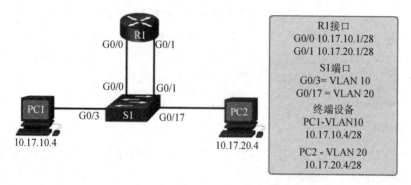

图 3-8　用路由器实现 VLAN 间路由的模型图

按图 3-8 规划的网络拓扑、VLAN 及 IP 地址，在路由器和交换机上配置，使 PC1 和 PC2 之间能相互通信。

（2）用 802.1Q 和子接口实现 VLAN 间的路由。为了避免物理端口和线缆的浪费，简化连接方式，可以使用 802.1Q 封装子接口，通过一条物理链路实现 VLAN 间的路由，这种方式被形象地称为"单臂路由"。交换机端口的链路类型有 Access 和 Trunk，其中 Access 链路仅允许一个 VLAN 的数据帧通过，而 Trunk 链路能够允许多个 VLAN 数据帧通过。单臂路由正是利用 Trunk 链路能够允许多个 VLAN 数据帧通过而实现的，如图 3-9 所示。从图 3-9 中可以看出，VLAN 间传递流量的设备正是路由器，在 Trunk 链路上，每个数据帧都会"穿越"两次：第一次是交换机将数据帧发送给路由器，第二次是路由器将数据帧返回至目的 VLAN。

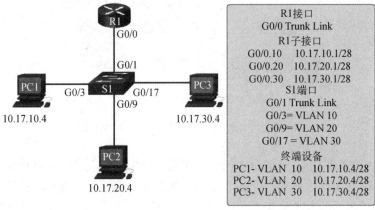

图 3-9　用 802.1Q 和子接口实现 VLAN 间路由的模型图

按图 3-9 规划的网络拓扑、VLAN 及 IP 地址，在路由器和交换机上配置，使 PC1、PC2 和 PC3 之间能相互通信。

物理接口和子接口都可以用于执行 VLAN 间的路由，但两者之间在端口限制、效率、使用端口属性、成本和复杂性等方面存在区别，见表 3-7。

表 3-7　交换机物理接口和子接口之间的区别

物　理　接　口	子　接　口
每个 VLAN 占用一个物理接口	每个 VLAN 占用一个子接口
无带宽争用	存在带宽争用
连接到接入模式交换机端口	连接到中继模式交换机端口
成本高	成本低
连接配置较复杂	连接配置较简单

（3）使用 SVI 实现 VLAN 间的路由。采用"单臂路由"方式进行 VLAN 间的路由时，数据帧在 Trunk 链路上往返传输，从而产生了一定的转发延迟；同时，路由器是基于软件转发 IP 报文的，如果 VLAN 间路由数据量较大，就会消耗路由器大量的 CPU 和内存资源，从而降低转发性能。

如图 3-10 所示的网络拓扑图采用折叠核心层次结构，用户终端都处在单独的 VLAN 中，每个 VLAN 是一个独立的广播域，也是一个单独的子网。因此，通常将汇聚层交换机配置为每个接入交换机 VLAN 用户终端的网关。这意味着每个汇聚层交换机必须有匹配每个接入交换机上 VLAN 的 IP 地址，这可以通过使用交换机虚拟接口（SVI）或路由端口来实现。

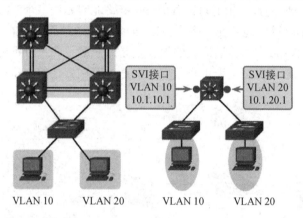

图 3-10　在三层交换机上使用 SVI 实现 VLAN 间的路由

SVI 接口是交换机上基于 VLAN 创建的逻辑三层接口，可以配置 IP 地址，如图 3-10 所示。三层交换机上 SVI 的操作（交换和路由）是基于硬件的，不需要外部链路，所以比单臂路由器要快很多，延迟非常低。

需要注意的是，在交换机上可以给 VLAN 接口配置 IP 地址，但在二层交换机和三层交换机上配置的 IP 地址的用途是有本质区别的：二层交换机上配置 VLAN 接口的 IP 地址，是用作该交换机的管理 IP 地址；在三层交换机上给 VLAN 接口配置 IP 地址，是作为该VLAN 用户终端的网关。

5. VLAN 划分原则

一般情况下，在企业网络中推荐采用按"地理位置+部门类型+应用类型"三者结合的规划模式对 VLAN 进行划分，见表 3-8。同时，为实现对网络设备进行安全有效的管理，建议将网络设备的管理地址作为一个单独的 VLAN 进行规划。

表 3-8　VLAN 的划分依据

划分依据	举　例
按业务类型划分	数据、语音、视频
按部门类型划分	工程部、市场部、财务部
按地理位置划分	总公司、北京分公司、重庆分公司
按应用类型划分	服务器、网络设备、办公室、教室

6. VLAN 规划建议

（1）不能将 VLAN 1 作为业务 VLAN、管理 VLAN、本征 VLAN 来使用。

（2）业务 VLAN ID 间保持间距，方便以后创建相近的 VLAN。

（3）为每一个 VLAN 规划 VLAN 描述符，增强可读性。

（4）每个 VLAN 内支持的终端数目不宜超过 64 个。

（5）不宜划分过多的 VLAN。

（6）在 Trunk 链路上做 VLAN 修剪，提高网络安全性和性能。

对于某些应用，VLAN 的数量可能超过 4096 个。例如，建设一个城域网，这个城域网可以为数百个企业提供互连，规划的 VLAN 数量就可能超过 4096 个，这种情况下可以使用 VLAN 二次封装技术（即 QinQ）来解决。另外，ISP 为了安全需要，为每一个端口划分一个 VLAN，会导致全网的 VLAN 数目不够用，这种情况下可使用私有 VLAN（Private VLAN）等技术解决。VLAN 划分得越多，就会占用越多的 IP 地址，这种情况下可以使用 Super VLAN 技术来解决。

7. VLAN 规划要点

某组织拟采用端到端 VLAN 的部署方式，该组织行政划分为：办公室、财务部和销售部，分布在楼内的第二层和第三层。为了满足不同楼层相同部门主机之间的通信需求，设计如图 3-11 所示的网络拓扑结构。请按下面 VLAN 规划要点的提示，完成 VLAN 的规划，并以表格的方式呈现。

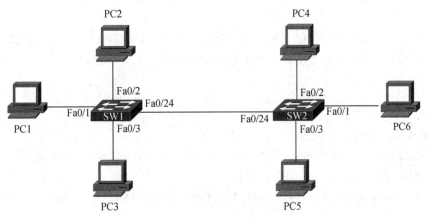

图 3-11　VLAN 规划拓扑结构

（1）确定在局域网中需要创建的 VLAN 个数，每个 VLAN 的 ID、名称、类型、对应的 IP 网络号。

（2）确定交换机的哪些端口为 Trunk，Trunk 封装协议是什么，Trunk 允许哪些 VLAN 数据帧通过，哪个 VLAN 作为 Trunk 上的本征 VLAN。

（3）确定交换机的哪些端口为接入端口，该接入端口指派给哪个 VLAN。

结合 VLAN 规划要点和网络拓扑图，得出 VLAN 规划的详细结果，见表 3-9。

表 3-9 VLAN 规划的详细结果

VLAN-ID	VLAN名称	Access	Trunk	使用网段	网关地址	用　途
10	bangong	Fa0/1	Fa0/24（只允许 VLAN 10、VLAN 20、VLAN 30、VLAN 99、VLAN 100 的流量通过）	192.168.10.0/24	192.168.10.1	办公室用户
20	caiwu	Fa0/2		192.168.20.0/24	192.168.20.1	财务部用户
30	xiaoshou	Fa0/3		192.168.30.0/24	192.168.30.1	销售部用户
100	Manage	—		172.16.100.0/24	172.16.100.1	设备管理
99	Native	—		—	—	—

3.2.3 STP 设计

在网络中，通常要设计冗余链路和冗余设备来避免单点故障引起的网络失效问题。但是，冗余链路的存在会使交换网络形成环路，导致网络广播风暴和 MAC 地址学习错误等严重问题。

交换网络环境中的二层交换机能够根据 MAC 地址表转发数据帧，但它没有记录任何关于该数据帧的转发记录，因而无法依靠自身来解决冗余链路带来的环路问题，必须使用生成树协议（STP）来解决。STP 是一个二层链路管理协议，具有链路备份功能。启用了 STP 的交换机通过有选择地堵塞冗余链路，生成无环路的拓扑（通过定义根桥、根端口、指定端口、路径开销等一系列操作来实现），以达到消除网络二层环路的目的。

生成树协议包括最初在 IEEE 802.1d 中定义的 STP、IEEE 802.1w 中定义的能快速收敛的 RSTP 和 IEEE 802.1s 中定义的能适应多 VLAN 复杂环境的 MSTP 等。

1. STP 基本术语

（1）网桥 ID（8 字节）=网桥优先级（2 字节）+网桥 MAC（6 字节），默认优先级为 32768，值为 0～65535；值越小越优先，为 4096 的倍数。

（2）端口 ID（2 字节）=端口优先级（1 字节）+端口 ID（1 字节），默认优先级为 128，值为 0～255；值越小越优先，为 8 的倍数。

（3）根路径开销：非根网桥到达根网桥路径上开销的累加和。其值越小优先级越高，与带宽大小有关。

（4）根网桥：交换网络中具有最小网桥 ID 的交换机。根网桥是 STP 选举的参考点，以及所形成无环路转发路径的核心。一个交换式网络只能有一个根网桥。

（5）根端口：非根网桥上到达根网桥路径上开销最小的接口。每个非根网桥只有一个根端口。

（6）路径开销：路径开销用来衡量网桥之间的距离，以网桥之间的接口链路带宽为参考依据，见表 3-10。

（7）指定端口：每个交换网段中具有最小根路径开销的端口。每个网段只有一个指定端口。

表 3-10 常见路径开销

链路带宽	成本（修订前）	成本（修订后）
10Gb/s	1	2
1000Mb/s	1	4
100Mb/s	10	19
10Mb/s	100	100

2. STP 的工作过程

（1）交换 BPDU。为了描述方便，本节中术语"网桥"与"交换机"不做区分。在 STP 网络中，交换机之间必须进行一些信息交流，这些信息交流单元称为 BPDU，是一种二层报文，目的 MAC 地址是多播地址 0180.c200.0000，所有支持 STP 的交换机都会收到 BPDU 并对它进行处理，BPDU 的报文类型有以下两种。

①配置 BPDU，根网桥用于计算生成树和维护生成树拓扑的报文。

②拓扑变更告知（TCN）BPDU，用于通知网络拓扑的变更。

初始化时，每台交换机生成以自己为根网桥的配置 BPDU，如图 3-12 所示。网络收敛后，每个参与 STP 的交换机每隔 2s 在自己的每个端口发送一次 BPDU，根交换机向外发送配置 BPDU，其他的交换机对该配置 BPDU 进行转发。配置 BPDU 包含用于控制交换机上 STP 操作的相关参数，如图 3-13 所示。

项目	字节
协议ID	2
版本号	1
报文类型	1
标记域	1
根网桥ID	8
根路径成本	4
发送网桥ID	8
端口ID	2
报文老化时间	2
最大老化时间	2
Ilello时间	2
转发延迟	2

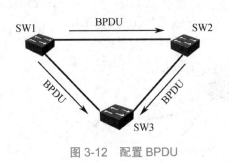

图 3-12 配置 BPDU   图 3-13 配置 BPDU 包含的相关参数

（2）选举根网桥。根网桥是 STP 的核心，它的所有端口都转发数据，判断根网桥就是通过 BPDU 来完成的，依据其中的网桥 ID 参数，如果网桥 ID 值最小，就被选择为根网桥，如图 3-14 所示。为了便于作为公共参考点，根网桥应位于二层网络的中央。通常，选用汇聚层交换机或者靠近服务器的交换机作为根网桥，这样 STP 工作的效率会更高。

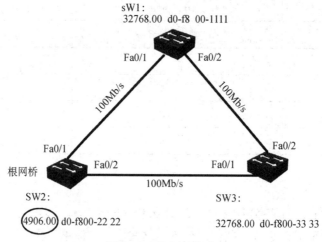

图 3-14　根网桥选举

　　STP 执行自动选举根网桥后，可能导致劣质的交换机成为根交换机，严重影响整个交换网络的性能。在如图 3-15 所示的网络拓扑结构中，如果要让性能较好的 SW2 成为根交换机，该如何实现？

图 3-15　根交换机选举操作

　　（3）选举根端口。根网桥被选举出来后，需要在非根网桥上选举出一个根端口，根端口通常处于转发状态。根端口的选择顺序依次是：根路径成本最小，发送网桥 ID 最小，发送端口 ID 最小，接收端口 ID 最小。根端口的选举过程如图 3-16 所示。

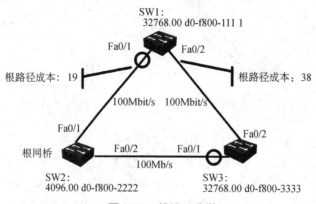

图 3-16　根端口选举

3. STP 端口状态

STP 定义了 5 种端口状态：Disabled、Blocking、Listening、Learning 和 Forwarding。其中，Listening 和 Learning 状态为中间状态，为避免在临时环路中，端口处于中间状态时，端口不能接收和发送数据。STP 各端口状态对配置 BPDU 收发、MAC 地址学习及数据的收发处理不同，见表 3-11。

表 3-11 STP 各端口状态对配置 BPDU 收发、MAC 地址学习及数据的收发处理

STP 端口状态	是否发动配置 BPDU	是否进行 MAC 地址学习	是否收发数据
Disabled	否	否	否
Blocking	否	否	否
Listening	是	否	否
Learning	是	是	否
Forwarding	是	是	否

4. STP 的计时器

STP 网络收敛是一种重要的网络操作，指当网络拓扑改变时（如某个交换机失效），交换机重新计算 STP 的过程。STP 选举完成后，网络不可能总是稳定的，有可能某个交换机失效了，这时它就不会每隔 2s 发送 BPDU 信息了，其相邻的交换机检测到这一点时，STP 开始重新计算过程。在这个过程内，交换机就会经历重新计算 STP 的过程，在收敛过程中，交换机是不能转发数据的，因此时间就变得重要起来。表 3-12 为 STP 的 3 个重要计时器。

表 3-12 STP 的计时器

计 时 器	功　　能	默认时间
Hello	发送 BPDU 的时间间隔	2s
Max Age	BPDU 的存储时间	20s
Forward Delay	监听和学习状态的持续时间	30s（其中监听 15s，学习 15s）

需要注意的是，在未充分了解网络结构之前，最好不要更改这些计时器。如果网络管理员认为网络的收敛时间可以进一步优化，可以通过重新配置网络直径来自动调整转发延迟和最大老化时间计时器进行优化，建议不要直接调整 BPDU 计时器。当某个交换网络的直径超过 7 台交换机时，默认配置就会有问题。此时应注意不要将转发延迟时间调整得过长，否则会导致生成树的收敛时间过长；也不要将转发时间调整得过短，否则在拓扑变更的时候会引入短暂的环路。

5. RSTP 的引入

当网络拓扑发生变化时，STP 可以消除二层网络中的环路并为网络提供冗余性，但在网络临时失去连通性并没有做任何处理时，网络需要经过 2 倍的转发延迟才能恢复连通性，相对于三层协议 OSPF 或 VRRP 秒级的收敛速度，STP 的延迟无疑成为影响网络性能的一

个瓶颈。为解决 STP 收敛速度慢的问题，IEEE 在 STP 的基础上进行了改进，推出了 RSTP，其 IEEE 标准为 802.1w。RSTP 消除环路的基本思想和 STP 保持一致，具备 STP 的所有功能，支持 RSTP 的网桥和 STP 的网桥一同运行。

6. MSTP 的引入

（1）STP/RSTP 的缺陷。由于 IEEE 802.1d 标准的提出早于 VLAN 的标准 802.1Q，因此 STP 中没有考虑 VLAN 的因素。而 802.1w 对应的 RSTP 仅对 STP 的收敛机制进行了改进，和 STP 一样同属于单生成树协议，在计算 STP/RSTP 时，网桥上所有的 VLAN 都共享一棵生成树，无法实现不同 VLAN 在多条 Trunk 链路上的负载分担，造成带宽的极大浪费，如图 3-17 所示。

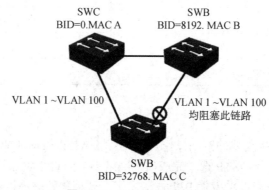

图 3-17　STP/RSTP 的缺陷

（2）MSTP 的基本思想。上述缺陷是生成树协议自身无法克服的，如果要实现 VLAN 间的负载分担，就需要使用 MSTP。MSTP 在 IEEE 802.1s 标准中定义，它既可以实现快速收敛，又可以弥补 STP 和 RSTP 的缺陷。MSTP 基于实例计算出多棵生成树，每一个实例可以包含一个或多个 VLAN，每一个 VLAN 只能映射到一个实例。网桥通过配置多个实例，可以实现不同 VLAN 之间的负载分担，如图 3-18 所示。

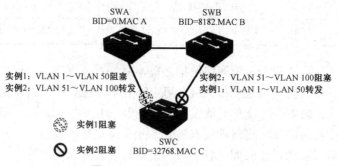

图 3-18　MSTP 实现负载分担

（3）MSTP 的基本概念。如图 3-19 所示，为了确保 VLAN 到实例的一致性映射，协议必须能够准确地识别区域的边界，交换机需要发送 VLAN 到实例的映射摘要，还要发送配置版本号和名称。

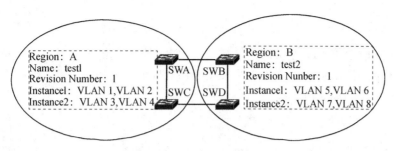

图 3-19   MSTP 区域

①具有相同的 MST 实例映射规则和配置的交换机属于一个 MST 区域，属于同一个 MST 区域的交换机的以下配置必须相同。

②MST 配置名称（Name）：用 32B 的字符串来标识 MST 区域的名称。

③MST 修正号（Revision Number）：用 16B 的修正值来标志 MST 区域的修正号。

④VLAN 到 MST 实例的映射：在每台交换机里，最多可以创建 64 个 MST 实例，编号为 1~64，实例 0 是强制存在的。在交换机上可以通过配置将 VLAN 和不同的实例进行映射，没有被映射到 MST 实例的 VLAN 默认属于实例 0。实际上，在配置映射关系之前，交换机上所有的 VLAN 都属于实例 0。

3.2.4   链路聚合设计

在 STP 网络中，不管使用多少条链路将交换机级联，最终得到的带宽都将是一条链路的带宽。如果希望多条级联链路的带宽能够累加，那么可以使用链路聚合技术来实现。链路聚合的主要功能是将两个交换机的多条链路捆绑形成逻辑链路，而其逻辑链路的带宽就是所有物理链路带宽之和，如图 3-20 所示。使用链路聚合后，当其中的一条链路发生故障时，网络仍然能够正常运行，并且当发生故障的链路恢复后能够重新加入链路聚合中；链路聚合还能在各端口上运行流量均衡算法，起到负载分担的作用，解决交换网络中因带宽不足引起的网络瓶颈问题。

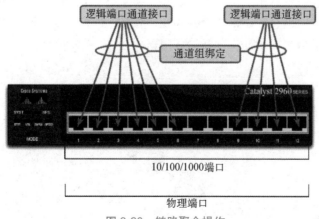

图 3-20   链路聚合操作

1. STP 与链路聚合是否冲突

在网络中同时使用 STP 与链路聚合技术时不会产生任何冲突，当将多条物理链路捆绑形成一条逻辑链路后，STP 就认为这是一条链路，也就不会产生环路，因此不能阻断链路聚合中的任何一个物理接口。

2. 链路聚合技术

链路聚合是链路带宽扩展的一个重要途径，符合 802.3ad 标准。它可以把多个端口的带宽叠加起来，如全双工快速以太网端口形成的逻辑链路带宽可以达到 800Mb/s，吉比特以太网接口形成的逻辑链路带宽可以达到 8Gb/s。

当链路聚合中的一条成员链路断开时，系统会将该链路的流量分配到链路聚合中的其他有效链路上，系统还可以发送 Trap 来告警链路的断开。链路聚合中一条链路收到的广播或多播报文，不会转发到其他链路，因此，尽管链路聚合也存在冗余链路，但它不会引起广播风暴。如图 3-21 所示为典型的链路聚合配置。

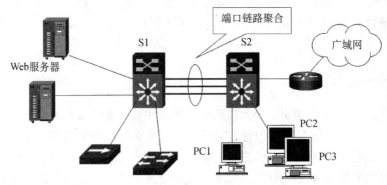

图 3-21 典型的链路聚合配置

3. 流量平衡

链路聚合还可以根据报文的 MAC 地址或 IP 地址进行流量平衡，即把流量平均地分配到聚合端口的成员链路中。如图 3-22 所示的网络拓扑中，如果不使用链路聚合，汇聚交换机和核心层交换机之间就会出现带宽瓶颈问题，使用链路聚合后，不但可以解决这一问题，还可以实现链路的流量平衡，提高链路的利用率。

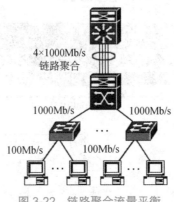

图 3-22 链路聚合流量平衡

4. PAgP 和 LACP

PAgP（Port Aggregation Protocol，端口聚集协议）和 LACP（Link Aggregation Control Protocol，链路聚集控制协议）都是用于动态创建链路聚合的。不同的是，PAgP 是思科专有协议，而 LACP 是 IEEE 802.3ad 定义的国际标准协议。

无论是 PAgP 还是 LACP，都是通过在交换机的级联接口之间互相发送数据包来协商创建链路聚合的。交换机接口收到对方要求建立 PAgP 或者 LACP 的数据后，如果允许，交换机会动态地将物理端口捆绑形成链路聚合。

5. 链路聚合方式

如果将链路聚合设置为 On 或者 Off 模式，则不使用动态协商的 PAgP 或 LACP，而是手工配置链路聚合；如果将模式设置为 Auto 或 Desirable，则使用 PAgP；如果将模式设置为 Passive 或 Active，则使用 LACP，如图 3-23 所示。

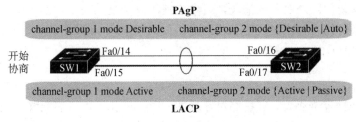

图 3-23　链路聚合的组合配置

6. 链路聚合应用

下面分别针对第二层接口（无 Trunk）、第二层接口（有 Trunk）和第三层接口的情况介绍链路聚合的使用。

（1）第二层接口（无 Trunk）。当希望交换机的级联接口作为普通的二层接口使用，而不希望有 Trunk 流量时，则可以使用第二层的链路聚合。采用这种方式的链路聚合，应该首先将交换机的成员接口设置为第二层模式。

（2）第二层接口（有 Trunk）。当希望交换机的级联接口作为二层链路聚合，并且能够运行 Trunk 时，则可以使用带 Trunk 的第二层链路聚合来实现。采用这种方式的链路聚合，应首先将交换机的接口设置为第二层模式，并且配置好 Trunk，然后配置链路聚合。

（3）第三层接口。当希望交换机之间能够通过第三层接口相连时，即像两个路由器通过以太网接口相连一样，可使用链路聚合来提高访问速度。

3.2.5　冗余网关设计

一般情况下，终端上只配置单个默认网关，此网关在网络拓扑发生变化时不会改变。如果默认网关无法连接，本地设备无法从本地网段向其他网段发送数据包，即使有用作该网段默认网关的冗余路由器，也没有动态更新的方法让这些设备能够获取新的默认网关，如图 3-24 所示。在图 3-24 中，当 R1 宕机后，虽然 R2 也可以作为 PC1 的网关设备，但需要手动设置默认网关，这极大地影响了用户使用网络的体验效果。

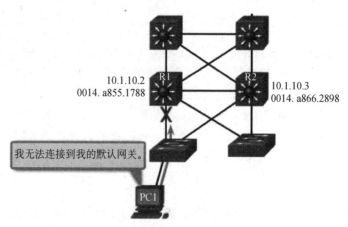

图 3-24　默认网关故障

在双核心的层次化网络结构中，为了减少作为网关的路由器（或三层交换机）出现故障导致用户无法访问网络服务的情况，可考虑使用冗余网关技术。常用的冗余网关协议包括虚拟路由冗余协议（VRRP）、热备份路由协议（HSRP）和网关负载均衡协议（GLBP）。限于篇幅，本书只讨论 VRRP。

1. VRRP 简介

VRRP 是一种容错协议，在提高可靠性的同时，简化了主机的配置。VRRP 报文通过指定的组播地址 224.0.0.18 进行发送。VRRP 通过交互报文的方法将多台物理路由器模拟成一台虚拟路由器，网络上的主机与虚拟路由器进行通信，一旦 VRRP 组中的某台物理路由器失效，则其他路由器将自动接替其工作，如图 3-25 所示。

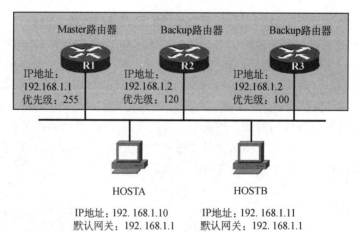

图 3-25　VRRP

（1）VRRP 组：由具有相同组 ID（1～255）的多台路由器组成，对外虚拟成一台路由器，充当网关；一台路由器可以参与到多个组中，充当不同的角色，实现负载均衡。

（2）IP 地址拥有者：接口 IP 地址与虚拟 IP 地址相同的路由器。

（3）虚拟 MAC 地址。一个虚拟路由器拥有一个虚拟 MAC 地址，其格式为 00-00-5E-00-01-[组号]。当虚拟路由器（Master 路由器）回应 ARP 请求时，回应的是虚拟 MAC 地址，而不是接口的真实 MAC 地址。

（4）Master 路由器和 Backup 路由器。Master 路由器是 VRRP 组中实际能够转发数据包的路由器，Backup 路由器是 VRRP 组中处于监听状态的路由器，Master 路由器失效时由 Backup 路由器替代。

（5）优先级：VRRP 中根据优先级来确定参与备份组中的每台路由器的地位。优先级的取值是 0～255，数值越大表明优先级越高，优先级的默认值为 100，但是可配置的值为 1～254，优先级 0 为系统保留，优先级 255 保留给 IP 地址拥有者。

（6）接口监视。VRRP 开启 Track 功能，监视某个接口，并根据所监视接口的状态动态地调整本路由器的优先级。

（7）抢占模式。工作在抢占模式下的路由器，一旦发现自己的优先级比当前的 Master 路由器的优先级高，就会对外发送通告报文，导致重新选举，并取代 Master 路由器。抢占模式用于保证高优先级的路由器只要接入网络就会成为主路由器。默认情况下，抢占模式都是开启的。

（8）VRRP 的选举。选举时，首先比较优先级，优先级高者获胜，成为该组的 Master 路由器，失败者成为 Backup 路由器；如果优先级相等，则 IP 地址大者获胜。在 VRRP 组内，可以指定各路由器的优先级。Master 路由器定期发送 Advertisement，Backup 路由器接收 Advertisement。Backup 路由器如果一定时间内未收到 Advertisement，则认为 Master 已 Down，重新进行下一轮的 Master 路由器选举。

2. VRRP 的应用

（1）VRRP 主备模式。VRRP 工作在主备模式时，仅由 Master 路由器承担网关功能。当 Master 路由器出现故障时，其他 Backup 路由器会通过 VRRP 选举出一个路由器接替 Master 路由器的工作，如图 3-25 所示。只要备份组中仍有一台路由器正常工作，虚拟路由器就仍然正常工作，这样可以避免由于网关单点故障而导致的网络中断。

VRRP 主备方式中仅需一个备份组，不同的路由器在该备份组中拥有不同的优先级，优先级最高的路由器成为 Master 路由器。

（2）VRRP 负载分担模式。VRRP 负载分担模式是指多台路由器同时承担业务，因此负载分担方式需要两个或两个以上的备份组，每个备份组都包括一个 Master 路由器和若干个 Backup 路由器。各备份组的 Master 路由器各不相同。同一台路由器同时加入多个 VRRP 备份组，在不同备份组中具有不同的优先级。

如图 3-26 所示，为了实现业务流量在路由器之间的负载分担，需要将局域网内主机的默认网关分别配置为不同虚拟路由器的 IP 地址。

（3）VRRP 与 MSTP 的结合。采用 MSTP 只能做到链路备份，无法做到网关备份。将 MSTP 与 VRRP 结合可以同时做到链路备份与网关备份，极大地提高了网络的健壮性。需要注意的是，在实施 MSTP 和 VRRP 时，要保持各 VLAN 的根网桥和 Master 路由器在同一台三层交换机上，如图 3-27 所示。

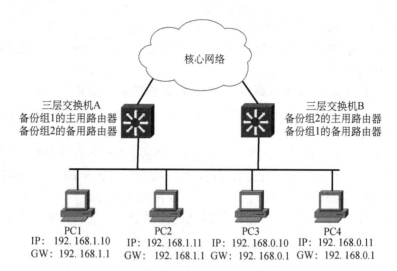

图 3-26　VRRP 负载分担

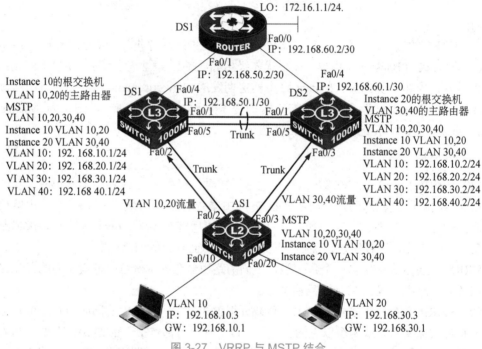

图 3-27　VRRP 与 MSTP 结合

任务实施

1. VLAN 设计。

2. 链路聚合设计。

3. MSTP+VRRP 设计。

4. 参加成果分享。

3.2 任务实施

任务评价

根据任务完成情况，简明扼要地填写任务评价表，并将相关截图上传。

3.2 任务评价

归纳总结

技术通过具体的协议来实现，不同网络层次上要运行不同的协议。要实现网络需求的具体功能，需要选择合适的协议来实现。本主题针对网络技术的选择要素、以太网系列技术选择、VLAN 设计（二层广播隔离技术）、STP 设计（二层环路避免技术）、链路聚合设计（提高链路级可靠性技术）和冗余网关设计（提高设备级可靠性技术）等内容展开讨论，并对这些主流网络技术的典型应用场景进行了详细分析。

在线测试

本任务测试习题包括填空题、选择题和判断题。

3.2 在线测试

技能训练

根据本任务的规划结果，用锐捷、思科等主流网络设备进行调试，写出主要配置脚本，将测试结果截图进行简要分析后，保存在 Word 文档中。

3.3　设计并分析网络拓扑结构

任务场景

某职业学院人员包括教师、学生、行政办公和家属人员，希望构建一个所有人员能相互通信但相互隔离的网络，需求如下：

（1）网络整体性能要求至少千兆主干，十兆到桌面；

（2）便于扩展，满足未来 2 年内网络用户增加的需要；

（3）确保网络接入的安全接入和方便管理；

（4）考虑核心骨干网络的可靠性，满足电信级不断网要求；

（5）根据教师、学生业务要求，需要网络有一定的可靠性措施；

（6）所有用户均能访问 Internet，并提供一定的可靠性和安全性；

（7）网络实行集中化统一管理。

你如何设计满足用户的网络拓扑图？

任务布置

1. 探究网络拓扑结构的类型及应用场合。
2. 研究层次结构网络模型。
3. 分析网络拓扑结构设计原则。
4. 探究网络拓扑结构设计内容。

知识准备

3.3.1 网络拓扑结构类型

优良的网络拓扑结构是网络稳定可靠运行的基础，一般将网络拓扑结构分为总线型、环形、星形、树形和网状形。如果从网络行业应用的角度来看，网络拓扑结构可分为平面拓扑结构和层次化拓扑结构。

1. 平面拓扑结构

在平面拓扑结构的局域网中，每台计算机都处于平等的位置，两者间的通信不用经过别的节点，它们处于竞争和共享的总线结构中。这种网络拓扑结构适用于网络规模不大、管理简单方便和安全控制要求不高的场合。

2. 层次化拓扑结构

层次化拓扑结构将网络划分为不同的功能层次，能够准确地描述用户需求。它的特点是终端节点发出的流量在达到核心节点之前要进行汇聚，使得终端节点之间的通信一般要经过上层网络线路，对上层网络有依赖作用。

3.3.2 层次化网络设计模型

所谓网络层次设计模型，就是将复杂的网络设计分为多个层次，每个层次只着重于某方面特定功能的设计，这样就能够使一个复杂的大问题变成几个简单的小问题。目前的网络分层设计模型采用三层网络设计模型，三层网络的层次依次分为核心层、汇聚层及接入层，如图 3-28 所示。

图 3-28　三层网络设计模型

1. 接入层

接入层主要为最终用户提供访问网络的能力，将用户主机连接到网络中，提供最靠近用户的服务。接入层容易影响设备工作的稳定性（环境温度变化大、灰尘多、电压不稳定等）。网络接入层设备一般为价格低廉的二层交换机，分散在用户工作区附近，设备品种繁多、地点分散，容易使网络管理工作变困难。接入层设备价格比较便宜，容易出现质量问题，对网络的稳定性影响很大。

2. 汇聚层

汇聚层的主要功能是汇聚网络流量，屏蔽接入层的变化对核心层造成的影响，汇聚层构成核心层与接入层之间的界面，如图3-29所示。

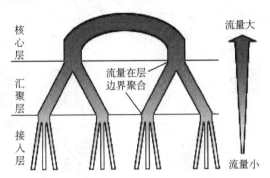

图3-29　汇聚层流量聚合与发散模型

汇聚层交换机多选用三层交换机，可以在全网体现分布式路由思想，减轻核心层交换机的路由压力，有效地实现路由流量的均衡。例如，根据楼宇内子网规模和应用需求，决定选择汇聚层交换机的类型，对于网络规模较大的子网，应选择较高性能的模块化三层交换机；而对于规模较小的子网，则选择固定端口三层交换机。

在实际工作中，汇聚层交换机的下行链路端口速率可以与接入层保持一致，上行链路端口速率相对于下行链路端口速率应大一个数量级。在企业网设计中，为降低成本，多采用光纤接口和电缆接口的交换机，而在城域网中，由于流量大，汇聚层多采用全光口交换机。

3. 核心层

核心层的主要功能是实现数据包高速交换，是所有流量的最终汇聚点和处理点，因此核心层的结构必须简单高效，对核心设备的性能要求十分严格。同时，不要在核心层执行网络安全策略，核心层的所有设备应具有充分的可到达性，在核心层交换机上不应该使用默认的路径到达内部网络，使用聚合路由能够减少核心层路由表的大小。

（1）核心层网络技术选择。核心层网络技术要根据需求，分析地理距离、信息流量和数据负载的轻重而定。一般而言，主干网用来连接建筑群和服务器群，可能会容纳网络上40%～60%的信息流，是网络大动脉。连接建筑群的主干网一般以光纤作为传输介质，典型的主干网络技术主要有千兆以太网等。

具体选择何种网络技术，一定要对整个网络的性能进行综合考虑，不但上层（核心层、汇聚层）的技术要好，下层（接入层）的技术也不能太差，通常按"千—千—百""千—百—百""万—千—千""万—千—百"的原则来进行设计，即核心层如果是千兆以太网，则汇聚层和接入层选用至少是百兆的以太网；如果核心层是万兆以太网，则汇聚层选用至少是千兆的以太网，接入层选用至少是百兆的以太网。这不仅要求各层的交换机端口达到这个要求，还要求用户端的网卡及传输介质都达到这个要求。

（2）核心层拓扑结构选择。核心层网络拓扑结构可以根据不同的应用需求，采用单星、双星和多星网络拓扑结构。单星结构常用于小规模局域网设计，优点是结构简单、投资少，适用于网络流量不大、可靠性不高的场合。双星结构解决了单点故障失效问题，不仅抗毁性强，还可采用链路聚合技术，如快速以太网的 FEC（Fast Ethernet Channel）、千兆以太网的 GEC（Gigabit Ethernet Channel）等技术，可以允许每条冗余连接链路实现负载分担。如图 3-30 所示对双星结构和单星结构进行了对比，双星结构会比单星结构多占用两倍的传输介质和光端口，除要求增加核心交换机外，二层交换机的上连接口也要求有两个以上的光端口。核心层上有 3 个节点时，网络拓扑结构将连成环形；核心层上有 4 个节点时，连成全网形模型，主要用于大型园区网和城域网设计，网络可靠性高，但建设成本也高。

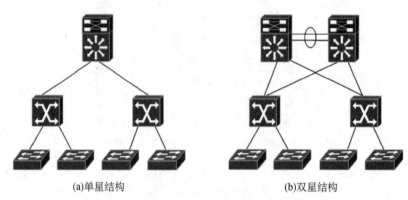

(a)单星结构　　　　　　　　　(b)双星结构

图 3-30　单星、双星网络结构

3.3.3　网络拓扑结构设计原则

如何根据网络的大小及范围，确定网络的层次结构、互联点和网络设备的类型等是网络拓扑结构设计要解决的问题。一般在进行网络拓扑结构设计时，主要依据三层网络模型的设计原则，如图 3-31 所示。

1. 控制层次数量

过多的层次会造成设备级联过深和网络结构划分不明确，使得某一设备上的流量过载，严重影响网络性能和增加网络延迟。如图 3-31 中，将所有接入层流量都引到一台汇聚层的设备上，此时汇聚层设备的性能将会降低。

2. 控制网络的接入

保持接入层对网络结构的控制，不允许申请其他渠道访问外部网络。如图 3-31 中，设计一个后门，可能会引发非授权访问的网络安全问题。

3. 保持结构的稳定

保证网络的层次性，不能在网络结构设计中随意增加额外的连接。如图 3-31 中，增加一个额外的连接后，因为无法预知额外连接将产生多大流量，这可能会导致接入层设备过载。

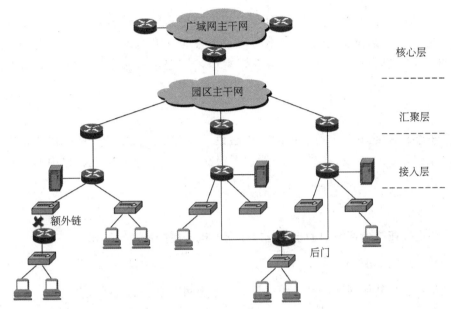

图 3-31 三层网络模型的设计原则

4. 保证优先设计接入层

从接入层开始，逐层以节点归类、链路数目、链路带宽、可靠性、安全性以及层与层之间的连接性能需求等要素为依据进行设计。

5. 保证模块边界清晰

通常大的网络设计项目由不同的模块组成，每个模块的设计都可以作为一个相对独立的系统，设计时同样考虑层次及冗余。因此，除接入层之外，尽量采用模块化方式，模块间的边界应非常清晰。

3.3.4 网络拓扑结构设计内容

网络拓扑结构设计是网络工程设计工作的核心内容，网络拓扑结构像建筑物的基本框架，其重要性和地位是不言而喻的，可以从技术、性能、可靠性、可扩展性、安全、服务质量和投资成本等多个方面分析和讨论。

1. 确定网络设备总数

确定网络设备总数是整个网络拓扑结构设计的基础，因为一个网络设备至少需要连接一个端口，设备数一旦确定，所需交换机的端口总数也就确定了。

2. 确定交换机端口类型和端口数

一般来说，网络中的服务器、边界路由器、下级交换机、网络打印机、特殊用户工作站等所需的网络带宽较高，所以通常连接在交换机的高带宽端口上。其他设备的带宽需求不是很明显，只需连接在普通的 10/100Mb/s 自适应端口上即可。

3. 保留一定的网络扩展所需的端口

交换机的网络扩展主要体现在两个方面：一个是用于与下级交换机连接的端口，另一个是用于连接后续添加的工作站用户。与下级交换机连接的端口一般采用高带宽端口，如果交换机提供了 Uplink（级联）端口，则也可直接使用级联端口与下级交换机连接。

4. 确定可连接工作站总数

交换机端口总数不等于可连接的工作站数，因为交换机中的一些端口还要用来连接那些不是工作站的网络设备，如服务器、下级交换机、网络打印机、路由器、网关、网桥等。

5. 确定关键设备连接

把需要连接在高带宽端口的设备连接在交换机可用的高带宽端口上。

6. 确定与其他网络连接

通过路由器与其他网络连接，如与合作伙伴的网络或 Internet 等连接。

任务实施

1. 确定层次化结构程度（三层结构还是二层结构）。
2. 从接入层开始，与网络技术标准选型同步进行。
3. 逐层针对节点归类、链路数目、链路带宽、可靠性、安全性以及层与层之间的连接性能需求等要素进行设计。
4. 参加成果分享。

3.3 任务实施

任务评价

根据任务完成情况，简明扼要地填写任务评价表，并将相关截图上传。

3.3 任务评价

归纳总结

网络拓扑结构是指忽略了网络通信线路的距离远近和线缆粗细程度，忽略通信节点大小和类型后，仅仅用点和直线来描述网络的图形结构。网络拓扑结构设计是网络工程设计工作的核心内容，网络拓扑结构像建筑物的基本框架，其重要性和地位是不言而喻的，可以从技术、性能、可靠性、可扩展性、安全、服务质量和投资成本等多个方面分析和讨论。

3.3 在线测试

在线测试

本任务测试习题包括填空题、选择题和判断题。

技能训练

如图 3-32 所示的网络拓扑结构中，汇聚层交换机的速率为 1000Mbps，接入层交换机的速率是 100Mbps；为了避免广播风暴，接入层交换机上划分了 VLAN，请指出网络拓扑结构设计中存在的问题并加以分析，绘制修改后的网络拓扑结构。

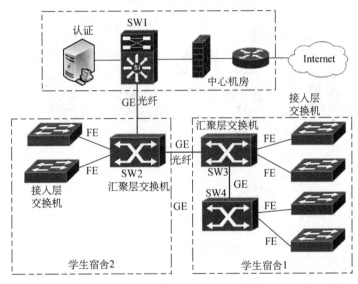

图 3-32　网络拓扑结构图

3.4　规划企业网络地址

任务场景

如图 3-33 所示为某职业学院网络系统的拓扑结构，采用思科公司的网络设备进行构建。整个网络由交换模块、广域网接入模块、远程访问模块、服务器群等 4 部分构成。

校园网内部数据的交换是分层进行的，分为 3 个层次：接入层（WS-C2950-24）、汇聚层（Cisco Catalyst 3550）、核心层（Cisco Catalyst 4006）。广域网接入模块的功能由 Cisco 3640 路由器来完成，通过串行接口 S0/0 使用 DDN 技术接入 Internet；远程访问模块采用集成在 Cisco 3640 路由器中的异步 Modem 模块 NM-16AM 提供远程接入服务；服务器群模块用来对校园网的接入用户提供 Web、DNS、FTP、E-mail 等多种网络服务。请给出 IP 地址规划结果。

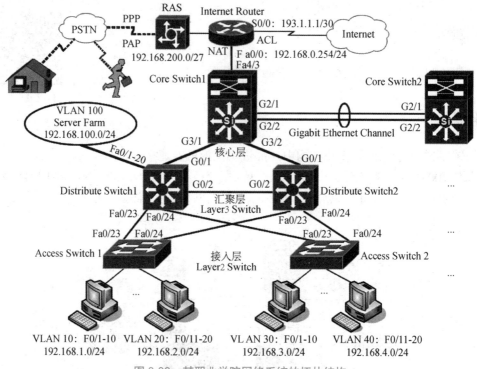

图 3-33　某职业学院网络系统的拓扑结构

1. 回顾 IP 地址的基本概念和划分子网的方法。
2. 探究网络命名方法。
3. 研究 IP 地址编码规则。
4. 探究 IP 地址规划方法。

3.4.1　网络命名设计方案

为了以后管理方便，通常需要为网络中的设备进行统一命名，可采用如下命名方式。

1. 楼栋命名设计

为楼栋命名时，建议从楼栋功能上进行命名，取楼栋汉语拼音的第一个字母，然后给楼栋分别编号或同一类功能的楼栋归在一起，统一用 A、B 等作为第一个字母，然后给楼栋的编号命名，见表 3-13。

表 3-13 楼栋命名设计

序 号	楼 栋	描 述	楼栋命名	设备间命名
1	A	宿舍1	S01	S01-01
2				S01-02
3		宿舍2	S02	S02-01
4				S02-02
5		宿舍3	S03	S03-01
6				S03-02
7		宿舍4	S04	S04-01

2. 设备间/管理间命名设计

基本原则是：楼栋名-设备间序号统一采用 01 作为该楼栋的设备间，其他编号作为管理间使用，见表 3-14。

表 3-14 设备间/管理间命名设计

楼 栋	设备间/管理间	设备类型	设备序号	设备名称	注 释
X01	X01-01	路由器	1	X01-01-R2811-01	连接外网
		交换机	2	X01-01-S3560-02	核心交换机
	X01-02	交换机	3	X01-02-S3560-01	行政汇聚
		交换机	4	X01-02-S2960-02	行政接入
	X01-03	交换机	5	X01-03-S2960-01	市场部接入
		交换机	6	X01-03-S2960-02	生产部接入
		交换机	7	X01-03-S2960-02	外联部接入

3.4.2 IP 地址编码规则

"是否便于聚合"是地址分配的基本原则，而聚合与否又与路由器紧密相关。因此，根据拓扑结构（与路由器连接关系）分配地址是最有效的方法。如图 3-34 所示，在路由器 A～路由器 D 上聚合是很容易实现的。

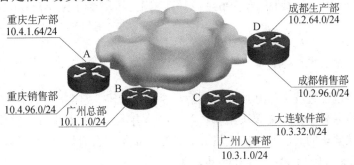

图 3-34 拓扑结构分配地址

但是，按拓扑结构分配 IP 地址的方案存在这样一个问题：如果没有相应的图表或数据库参照，要确定一些连接之间的上下级关系（如确定某个部门属于哪个网络）是相当困难的。解决（降低）这种困难的做法是，将按拓扑结构分配 IP 地址的方案与其他有效方案（如按行政部门分配地址）组合使用。具体做法如下：用 IP 地址左边的两个字节表示地理结构，用第三个字节标识部门结构（或其他的组合方式）。相应的 IP 地址分配方案如下：

（1）进行部门编码，见表 3-15。

表 3-15　部门编码表

行政部门	总部和人事部	软件部	生产部	销售部
部门号	0～31	32～63	64～95	96～127

（2）对各个接入点进行地址分配，见表 3-16。

表 3-16　接入点地址分配

路由器	A	B	C	D
接入点地址	10.4	10.1	10.3	10.2

（3）对各部门进行子网地址分配，见表 3-17。

表 3-17　子网地址分配

部门	地址范围
路由器 A 上的生产部	10.4.64.0/24～10.4.95.0/24
路由器 A 上的销售部	10.4.96.0/ 24～10.4.127.0/24
路由器 B 上的总部	10.1.0.0/24～10.4.31.0/24
路由器 C 上的人事部	10.3.0.0/24～10.3.31.0/24
路由器 C 上的软件部	10.3.32.0/24～10.3.63.0/24
路由器 D 上的生产部	10.2.64.0/24～10.2.95.0/24
路由器 D 上的销售部	10.2.96.0/24～10.2.172.0/24

以上过程用一个层次化的编址方式来表示，即 10.m.n.X/Y。其中，m 表示不同的接入点：A-4，B-1，C-3，D-2。n 表示不同部门：总部和人事部（0～31），软件部（32～63），生产部（64～95），销售部（96～127）。X 表示同一部门中的不同终端。Y 表示子网掩码长度。

3.4.3　IP 地址规划技巧

在逻辑网络设计过程中，IP 地址规划是一个关键内容。通常，在进行 IP 地址规划之前需要明确的主要内容包括：需要采用哪种类型的公有地址和私有地址、需要访问私有网络的主机分布、需要访问公有网络的主机分布、私有地址和公有地址的边界、私有地址和公有地址如何翻译、VLSM 设计、CIDR 设计等。

1. 公有 IP 地址分配

私有地址不被 Internet 所识别，如果要接入 Internet，就必须通过 NAT 将其转换为公有地址。在地址规划时，需要对以下设备分配公有地址。

（1）Internet 上的主机，如网络中需要对 Internet 开放的 WWW、DNS、FTP、E-mail 服务器，其使用公网 IP 地址。

（2）综合接入网的关口设备（如通过路由器的广域网接口 S0 接入 Internet），需要使用公有 IP 地址才能连接到 Internet。

2. Loopback 地址规划

为了方便管理，系统管理员通常为每一台交换机或路由器创建一个 Loopback 接口，并在该接口上单独指定一个 IP 地址作为管理 IP 地址。分配 Loopback 地址时，最后一位是奇数就表示路由器，是偶数就表示交换机。越是核心的设备，Loopback 地址越小。

3. 设备互联地址

互联地址是指两台或多台网络设备相互连接的接口所需的 IP 地址。规划互联地址时，通常使用 30 位掩码的 IP 地址。相对核心的设备，使用较小的一个地址。另外，互联地址通常要聚合后发布，在规划时要考虑能否使用连续的可聚合地址。

4. 业务地址

业务地址是连接在以太网上的各种服务器、主机所使用的地址及网关地址。通常网络中的各种服务器的 IP 地址使用主机号较小或较大的 IP 地址，所有的网关地址统一使用相同的末尾数字，如 254 表示网关。

任务实施

1. 业务 IP 地址及 VLAN 规划。
2. 设备互连 IP 地址规划。
3. 设备网管 IP 地址规划。
4. 外网 IP 地址规划。
5. 参加任务结果分享。

3.4 任务实施

任务评价

根据任务完成情况，简明扼要地填写任务评价表，并将相关截图上传。

3.4 任务评价

归纳总结

计算机网络中有 4 类地址，分别是 MAC 地址、IP 地址、端口地址和域名，其中 MAC 地址是固化在网络适配器中的地址，出厂就设置好了，一般不允许修改；端口号一般由开发人员指定或动态随机分配，无须网络工程师和用户直接参与设计；IP 地址是网络中主机的逻辑地址，首先要考虑高效通信和使用方便的问题。另外，由于网络规模和应用场景的不同，不得不对 IP 地址的管理和扩展加以考虑。

在线测试

本任务测试习题包括填空题、选择题和判断题。

3.4 在线测试

技能训练

如图 3-35 所示的网络拓扑结构中，PC0 与 PC1 位于不同的 VLAN；交换机使用 SVI 接口 IP 地址作为其管理 IP 地址；路由器使用 Loopback 接口 IP 地址作为其管理 IP 地址；终端 IP 地址使用 192.168.0.0/16，管理 IP 地址使用 172.16.255.0/24，服务器使用 10.1.1.0/24，内网设备互联地址使用 172.16.1.0/24，公网设备互联地址使用 192.1.1.0/24，租用公网 IP 地址为 222.222.222.1～222.222.222.14，请按此要求进行 IP 地址规划，以表格方式呈现结果。

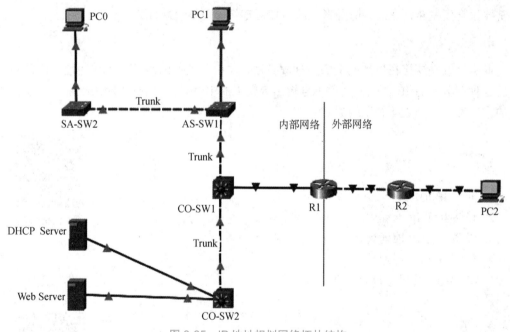

图 3-35　IP 地址规划网络拓扑结构

3.5　构建跨区域的互联网络

任务场景

如图 3-36 所示为某职业学院网络系统的拓扑结构，在网络建设过程中，为了把学校总部和分部连为一体，需要实现学校总部和分部之间网络的互联互通，对此做出整合，进行网络规划。假如你是一名网络工程师，请在相关设备上部署静态路由和动态路由，实现学校总部与分部网络的互联互通。

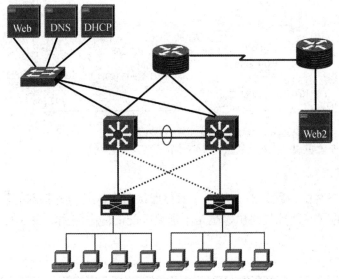

图 3-36 某职业学院网络系统的拓扑结构

任务布置

1. 回顾静态路由、动态路由的基本概念。
2. 探究静态路由的应用场合和规划方法。
3. 研究动态路由的应用场合和规划要点。

知识准备

3.5.1 静态路由设计

静态路由是指由用户或网络管理员手工配置的路由信息。当网络拓扑结构或链路状态发生变化时，需要用户或网络管理员手工去修改路由表中的相关信息。

1. 静态路由应用场合

根据静态路由的特点进行分析，静态路由一般用于以下场合，见表 3-18。

表 3-18 静态路由应用场合

应用场合	场景描述
小型网络	网络中仅含几台路由设备，且不会显著增长
末节网络	只能通过单条路径访问的网络，路由器只有一个邻居
通过单 ISP 接入 Internet 的网络	企业边界路由器接入 ISP 的网络环境
集中星形拓扑结构的大型网络	由一个中央节点向多个分支呈放射状连接的网络

2. 静态路由的分类

（1）标准静态路由。标准静态路由是普通的、常规的通往目的网络的路由，如图 3-37 所示，在路由器 R1、R2 和 R3 上配置到达远程目的网络的路由。

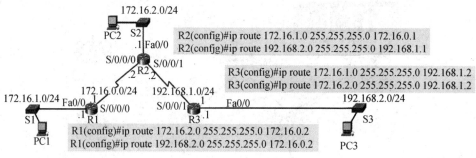

图 3-37　标准静态路由

（2）默认静态路由。默认静态路由（简称默认路由）是一种特殊的静态路由，它是将 0.0.0.0/0 作为目的网络地址的路由，也是不需要匹配的静态路由。表 3-19 总结了默认路由配置的常见问题。

表 3-19　默认路由配置的常见问题

应用场合	场景描述
末节路由器	只有一个上游邻居路由器的路由器，如图 3-37 中的 R1 和 R2
默认路由	可以在图 3-37 中的 R1 和 R3 上配置默认路由，但 R2 不可以
两台路由器是否互为末节路由器	不是，不可在相互连接的两台路由器上配置默认路由，会引起环路
边缘路由器	连接 ISP 的路由器，又称为企业边界路由器
默认路由的应用是否广泛	非常广泛，可以简化路由表
默认路由是否是默认网关	是的，或被称为最后求助网关
默认路由的分类	分为静态默认路由和动态默认路由，静态默认路由是通过用户手工添加的，动态默认路由是通过路由器上运行路由协议动态学习到的

（3）汇总静态路由。将多条静态路由汇总成一条静态路由，如图 3-38 所示，目的是减少路由表的条目，适用于路由表需要优化的场合。

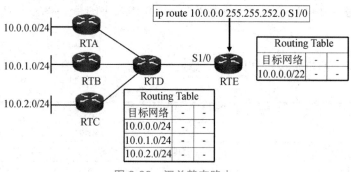

图 3-38　汇总静态路由

（4）浮动静态路由。浮动静态路由可以为一条路由提供备份的静态路由，当链路出现故障时走备用链路，适用于高可靠性或负载均衡的应用场合，如图 3-39 所示。

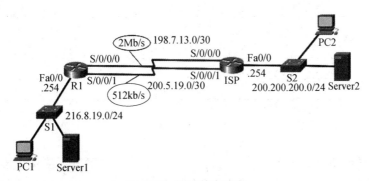

图 3-39　浮动静态路由

在图 3-39 中，上面一条串行链路的带宽要高于下面一条串行链路的带宽，因此上面一条串行链路为主路径，下面一条为备用路径。通常，在 R1 的路由表中只有通过主路径到达目标网络的路由信息，没有通过备用路径到达目标网络的路由信息，除非主路径故障，通过备用链路到达目标网络的路由条目才会在路由器 R1 的路由表中浮现出来。

3. 静态路由的规划设计

（1）静态路由规划步骤。
①确定网络中每个路由器是否需要配置默认路由。
②确定网络中每个路由器需要对哪些远程目标网络使用静态路由选路。
③根据所掌握的网络状态信息，人工为目标网络选定最佳路径。
④确定是否存在多条静态路由可以汇总为一条静态路由的情况。
（2）静态路由规划举例。在如图 3-40 所示的网络拓扑中，按照静态路由规划步骤，写出静态路由的规划方案。静态路由规划结果见表 3-20。

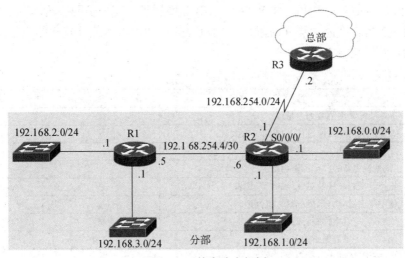

图 3-40　静态路由规划

表 3-20　静态路由规划结果

设　　备	路由类型	目标网络	子网掩码	下一跳/出接口
路由器 R1	默认路由	0.0.0.0	0.0.0.0	192.168.254.6
路由器 R2	汇总静态路由	192.168.2.0	255.255.254.0	192.168.254.5
	默认路由	0.0.0.0	0.0.0.0	S0/0/0
路由器 R3	静态路由	192.168.254.4	255.255.255.252	192.168.254.1
	汇总静态路由	192.168.0.0	255.255.252.0	192.168.254.1

3.5.2　RIP 动态路由设计

RIP 是最早被使用的动态路由协议之一，由于协议支持存在网络规模小、网络收敛时间慢、路由环路等问题，因此正逐渐淡出网络工程师的视野。由于网络基础设施建设是一个持续长久的过程，目前在网运行的网络中，有很多网络已运行了 RIP，需要考虑网络的维护、优化或过滤等问题，因此同样要对 RIP 动态路由的规划设计进行学习和理解。

1. 动态路由设计概述

在进行路由设计时，首先将默认路由用于末节网络区域；然后在网络层级和互连通性为低或中等时使用 RIP/RIPv2；最后在网络层级和互连通性为高时使用 OSPF 协议；在网络中求 EGP 时使用 BGP。OSPF 协议、BGP 协议等选择协议都应用了模块化层次拓扑结构来控制路由选择开销和带宽消耗。

2. RIP 动态路由基本特点

RIP 是距离矢量路由协议的一种。所谓距离矢量，是指路由器选择路由的评判标准。在 RIP 选择路由的时候，利用 D-V 算法来选择它所认为的最佳路径，然后将其填入路由表中，在路由表中体现出来的就是跳数（Hop）和下一跳的地址。RIP 允许的最大站点数为 15，任何超过 15 个站点的目的地均被标为不可到达，所以 RIP 只适合于小型的网络。

RIP 目前有两个版本 RIPv1 和 RIPv2，RIPv2 增加了可变长子网掩码（VLSM）以及不连续的子网的支持，在路由更新时发送子网掩码并且使用组播地址发送路由信息。RIP 各版本功能特点对比见表 3-21。

表 3-21　RIP 各版本功能特点对比

特　　性	RIPv1	RIPv2
采用跳数为度量值	是	是
15 是最大的有效度量值，16 为无穷大	是	是
默认 30s 更新周期	是	是
周期性更新时，全部路由信息更新	是	是
拓扑改变时，只针对变化的触发更新	是	是
使用路由毒化、水平分割、毒性逆转	是	是
使用抑制计时器	是	是
发送更新的方式	广播	组播
使用 UDP 520 端口发送报文	是	是
更新中携带子网掩码，支持 VLSM	否	是
支持认证	否	是

3. RIP 动态路由设计

在 Router rip 路由进程中，不难发现自动汇总、默认路由传播、管理管理、被动接口、单播更新和路由重分发等都与 RIP 路由设计紧密相关，如图 3-41 所示。本节主要讨论自动汇总、被动接口、单播更新和路由重分发等内容，下面对此逐一进行讨论。

```
Router(config-router)#?
 auto-summary    Enter Address Family command mode
                                        //开启自动汇总功能
 default-informationControl distribution of default information
//设置默认路由传播
 distance            Define an administrative distance
                                        //修改协议管理距离
 exit            from routing protocol configuration mode
                                        //退出协议模式
 network     Enable routing on an IP network//宣告直连网络
 no          Negate a command or set its defaults
 passive-interface Suppress routing updates on an interface
//设置被动接口
 redistribute    Redistribute information from another routing
protocol  //路由重分发
 timers    Adjust routing timers         //调整 RIP 计时器
 version   Set routing protocol version   //设置路由协议版本
```

图 3-41　RIP 路由进程

（1）规划要素分析。

①路由汇总。

● RIPv1 支持自动汇总，但不能关闭自动汇总。

● RIPv2 可以支持自动汇总，可以关闭自动汇总，还支持手工汇总。

● 在接口配置模式下执行 ip rip summary-address 命令。

● 在进行手动路由汇总的时候，必须先关闭自动汇总（no auto-summary），汇总路由可以在任意一台路由器上进行，但效果不一样。

● 汇总路由的掩码必须大于或等于主类网络掩码（8/16/24）。

● 如果不是精确汇总，需在通告汇总路由的路由器上创建一条指向 Null0 接口的汇总路由（也称黑洞路由），如 ip route 192.168.1.0 255.255.0.0 null 0。

②被动接口。在网络中，连接用户主机或者非 RIP 邻居的路由器接口，是无须接收 RIP 发送的广播或组播路由信息的，因此需要将其设置为被动接口，其主要特点是，接收路由信息，但不通告路由信息。

在网络中，如果只有少数接口需要配置为被动接口，可以执行 passive-interface 命令。如果大多数接口均要配置为被动接口，建议执行 passive-interface default 命令把所有接口配置为被动接口，再执行 no passive-interface 命令，把不需要设置为被动接口的接口恢复为正常接口。

③单播更新。图 3-42 中的路由器都运行 RIP，要求路由器 A 不能接收路由器 B 和路由器 C 的广播或组播信息，同时路由器 C 不能接收路由器 A 发来的广播信息，路由器 B 只能接收路由器 A 发来的单播信息，如何设计该 RIP 路由呢？在路由器 A 上将 Fa0/0 接口设置为被动接口，同时执行 neighbor 命令指定接收单播信息的地址为路由器 B 的 Fa0/0 接口的 IP 地址。

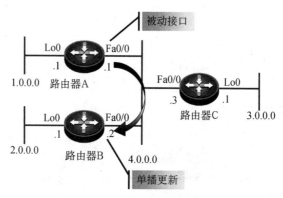

图 3-42　RIP 单播更新控制

④路由重分发。网络应用场景随着网络需求而变化。一个组织最开始组建网络的时候，运行的是 RIP。随着网络规模的扩大，采用单纯的 RIP 已无法满足网络扩展的需要，因此新建网络考虑选择扩展性强的 OSPF 协议，但 RIP 和 OSPF 协议毕竟是两类完全不同的动态路由协议，它们之间是不能直接交互路由信息的，因此不能实现全网的互联互通。

在如图 3-43 所示的网络拓扑结构中，R2 上路由表中的四条路由是通过静态配置的，为了让 R2 通过 RIP 向 R1 通告，就必须在 R2 的路由模式下执行重分发命令把静态路由发布进 RIP 进程，重分发时注意要在路由边界上指定引入的外部路由的跳数，否则会导致发布不成功。

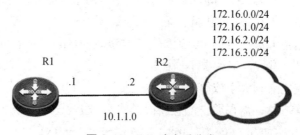

图 3-43　RIP 路由重分发

（2）RIP 规划设计要点。

①考虑路由器上有哪些直接相连的网络参与到 RIPv2 的路由更新中。

②考虑是否需要设置被动接口和单播更新以减少不必要的网络开销。

③考虑是否存在非连续子网问题和优化路由表条目数量。

④考虑是否需要路由的引入，实现网络联通和访问 Internet。

⑤考虑是否需要配置认证以增加路由更新的安全性。

3.5.3　OSPF 动态路由设计

OSPF 协议是所有内部网关协议中比较复杂的一种，这种复杂性和 OSPF 的协议原理密切相关，在组织的 OSPF 设计和部署中需要认真考虑以下几个方面的问题：为 OSPF 路由域规划 RID、根据网络需求划分区域、规划参与 OSPF 进程的接口、是否需要优化网络收敛、是否需要使用路由静默、是否需要进行路由汇总、是否需要设置特殊区域、是否需要调整链路开销和是否需要配置安全认证等。

1. 路由器 Router ID 的确定

组织网络中的设备少则几台，多则几十台，甚至几百台，每台路由器都需要有一个唯一的 ID 标识自己。Router ID 是一个 32 位的无符号整数，其格式和 IP 地址的格式是一样的。Router ID 的选举规则如图 3-44 所示。

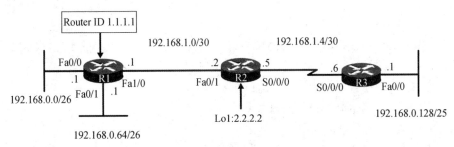

图 3-44　OSPF 网络 Router ID 规划

（1）手动配置 OSPF 路由器的 Router ID（通常建议手动配置）。

（2）如果没有手动配置 Router ID，则路由器使用 Loopback 接口中最大的 IP 地址作为 Router ID。

（3）如果没有配置 Loopback 接口，则路由器使用物理接口中最大的 IP 地址作为 Router ID。

OSPF 路由器的 Router ID 重新配置后，可以通过重置 OSPF 进程来更新 Router ID。一台路由器上运行多个 OSPF 进程时会选择唯一的 RID；被选作 RID 的接口不必进行宣告；路由表中不必存在去往 RID 的子网路由；OSPF 路由进程重启，路由器会考虑更改 RID；RID 变化会导致同一区域内的路由器重新执行 SPF 算法。

2. DR 和 BDR 的选举与控制

在多路访问网络中选择了一个 DR 和一个 BDR，DR 和 BDR 与本多路访问网络中的其他路由器都建立了邻接关系。DR 有两个主要功能：

（1）产生代表该网络的网络 LSA。

（2）与本多路访问网络中的其他 OSPF 路由器都建立邻接关系，以收集并分发各个路由器的链路状态信息。

BDR 作为 DR 的备份，当 DR 发生故障时可以接替 DR 的工作，BDR 并不负责向其他路由器发送路由更新消息，也不发送所产生的该网络的网络 LSA。

DR 的选举是基于接口的，说某个路由器为 DR 是错误的说法；控制接口的优先级是控制 DR 选举的好办法，优先级数字越大越优先；优先级为 0 代表不能参与 DR 的选举；优先级相等，则 Router ID 越大越优先，如图 3-45 所示。

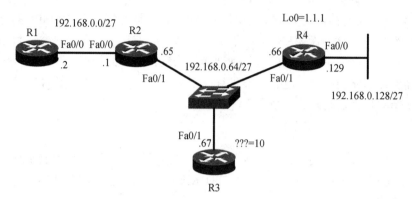

图 3-45　DR/BDR 选举控制

3. OSPF 的网络类型

OSPF 协议是一种接口敏感型的路由协议，根据数据链路层媒介的不同，OSPF 的网络类型可分为 4 种类型：

（1）点到点（P2P），如 PPP、HDLC 链路。

（2）广播网络（Broadcast），如以太网。

（3）NBMA，如 ATM、帧中继网络。

（4）点到多点（P2MP），不是一种实际的网络。

网络类型会影响邻居关系、邻接关系的形成及路由计算。前 3 种 OSPF 网络的接口可以自动识别，第 4 种要人为配置，数据链路层不会自动上报。NBMA 的网络类型需要静态指定邻居，广播网络和 NBMA 的网络上需要进行 DR/BDR 的选举，其余网络类型可自动发现邻居。

试一试

在实际网络环境中，三层以太网接口运行 OSPF 的情况下，一般采取修改接口类型的优化措施，以跳过 DR、BDR 的选举过程，加快 OSPF 邻居的建立过程。请写出配置命令。

4. 被动接口

被动接口本身可能连接一个末节网络（只有主机，没有其他的路由器），如图 3-46 所示。OSPF 协议支持被动接口特性。OSPF 协议的被动接口特性与 RIP 的被动接口特性不同，OSPF 协议中启用被动接口会影响邻居关系的形成，但在 RIP 中不会。在路由协议中将某个接口设置为 passive-interface 的前提是使用 network 关键字宣告了这个接口的网段，否则 passive-interface 没有任何意义。

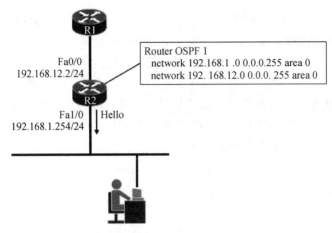

图 3-46　被动接口

5. OSPF 的链路开销

OSPF 路由器可以通过更改接口成本来影响路径选择。OSPF 采用 cost=参考带宽/实际带宽，计算接口的 cost，默认参考带宽为 100Mb/s。当计算结果有小数位时，只取整数位；结果小于 1 时，cost 取 1。在 OSPF 路由器上，有两种方法可以计算接口的 cost 值。

（1）在接口模式下配置 cost，指定的值是接口最终的 cost 值，作用范围仅限于本接口。

（2）修改 OSPF 的参考带宽值，作用范围是本路由器使能 OSPF 的接口。建议参考整个网络的带宽情况建立基线，所有路由器修改为相同的参考带宽值，从而确保选路的一致性。

6. OSPF 网络的层次区域规划

OSPF 协议是一个需要层次化设计的网络协议，在 OSPF 网络中使用了区域的概念，从层次化的角度看，区域被分为两种：骨干区域和非骨干区域。骨干区域的编号为 0，非骨干区域的编号为 1~4294967295，如图 3-47 所示。处于骨干区域和非骨干区域边界的路由器称为 ABR，处于非骨干区域的路由器被称为区域内部路由器。由于 OSPF 的区域边界处至少存在一个路由器，因此每个非骨干区域中至少会存在一个 ABR。实际上 OSPF 区域的划分也就是把网络中的路由器进行归类的过程。

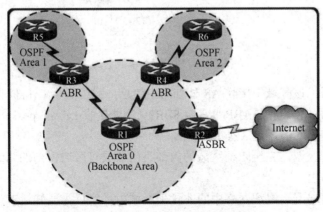

图 3-47　OSPF 网络路由器类型

在设计 OSPF 区域时，首先要考虑网络的规模，对于小型的 OSPF 网络，可以只使用一个 Area 0 来完成 OSPF 的规划。但是在大型 OSPF 网络中，网络的层次化设计是必需的。对于大型的网络，一般在规划上都遵循核心、汇聚、接入的分层原则，而 OSPF 骨干路由器的选择必然包含两种设备：一种是位于核心位置的设备，另一种是位于核心区域的汇聚设备。非骨干区域的范围选择则根据地理位置和设备性能而定，如果在单个非骨干区域中使用了较多的低端三层交换产品，由于其产品定位和性能的限制，则应该尽量减少其路由条目数量，把区域规划变得更小一些。值得注意的是，在施工中对于非骨干区域的 Area ID 定义，推荐使用 Area 10、Area 20、Area 30 等，这样提供了 Area ID 的冗余，便于网络管理员增加区域。

7. 非骨干区域内部路由器的路由表优化

非骨干区域中使用了较多的低端三层交换产品，由于其产品定位和性能的限制使其不能承受过多的路由条目数量，为了精简其路由条目数量可以采用一些特殊区域来进行路由表的优化。OSPF 协议中定义了 3 种特殊区域：末梢区域（Stub Area）、完全末梢区域（Totally Stub Area）和非完全末梢区域（NSSA Area），如图 3-48 所示。由于 NSSA 区域应用非常少，因此下面只简单介绍前两种特殊区域的应用场合。

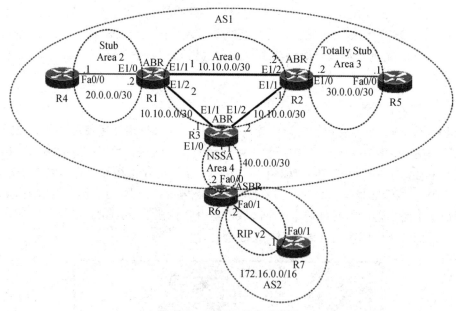

图 3-48　OSPF 的特殊区域

（1）末梢区域。该区域不接收 AS 外部路由信息，路由到 AS 外部时，使用默认路由。该区域不能包含 ASBR（除非 ABR 也是 ASBR），不能接收 LSA Type 5 报文，由 ABR 向末梢区域通告默认路由（但还是 3 类 LSA）。

（2）完全末梢区域。完全末梢区域的内部路由器只有区域内部的明细路由和指向区域外部的一条默认路由。

在绝大部分情况下，组织网络中的非骨干区域中都仅仅需要知道默认路由的出口在哪里，因此推荐把非骨干区域统一设置成完全末梢区域，这样极大地精简了非骨干区域内部路由器的路由条目数量，并且减少了区域内部 OSPF 交互的信息量。对于极少数存在特殊要求的网络，可以根据实际情况灵活使用几种区域类型。

8. 骨干区域内部路由器的路由表优化

对于 OSPF 的非骨干区域来说，使用特殊区域能够精简其内部路由器的路由表。而对于 OSPF 的骨干区域来说，要简化其内部路由器的路由表所采用的方式，就是减少非骨干区域使用的 IP 网段，这需要做出合理的规划以便于区域边界汇总。对于 IP 网段的合理规划在 3.4.1 节中已有详细的说明，本节不再赘述。运行 OSPF 协议的路由器域中，路由汇总的控制点在 ABR 路由器和 ASBR 路由器上。

（1）ABR 路由汇总条件。在如图 3-49 所示的网络拓扑结构中，在 ABR 即 R2 上执行区域汇总后，ABR 不再产生明细的 3 类 LSA（执行 show ip ospf database 命令后，在输出结果中看不见关于 192.168.1.0/24、192.168.2.0/24、192.168.3.0/24 和 192.168.4.0/24 等的明细路由条目）。在 R2 的路由表中，由于存在路由环路的风险，因此自动产生了下一跳为 Null0 接口的汇总路由：

```
O       192.168.32.0/21 is a summary, 00:00:05, Null0
```

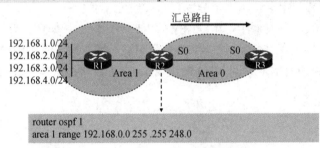

图 3-49　OSPF ABR 路由汇总

如果没有自动产生，则必须手动配置一条指向 Null0 接口的汇总路由。需要注意的是，只要有一条明细路由存在，那么在 ABR 上通告汇总路由就会生效；如果不存在明细路由，那么即使在 ABR 上配置了汇总命令，也不会通告汇总路由。言外之意，如果 192.168.1.0/24、192.168.2.0/24、192.168.3.0/24 和 192.168.4.0/24 这些路由条目都失效了，那么即使在 ABR 上配置了 192.168.0.0 255.255.248.0 这条汇总路由，它也不会将这条汇总路由通告给 R3。

（2）ASBR 汇总的条件。在如图 3-50 所示的网络拓扑结构中，在 R2 上执行域间汇总后，在 R2 上，与区域间路由汇总一样，为了预防路由环路，也必须要产生指向 Null0 接口的汇总路由：

```
O       172.9.0.0/16 is a summary, 00:08:20, Null0
```

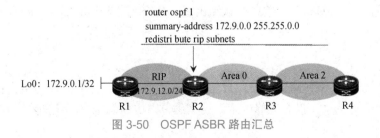

图 3-50　OSPF ASBR 路由汇总

同时有关于汇总路由的明细路由:

```
R        172.9.0.1/32 [120/1] via 172.9.12.1, 00:00:20, FastEthernet0/0.12.
```

如果汇总命令配置后,不产生指向 Null0 接口的路由,那么必须手动配置一条指向 Null0 接口的静态路由。在 R3 上,会产生汇总路由:

```
O E2 172.9.0.0/16 [110/20] via 9.9.23.2, 00:03:09, FastEthernet0/0.23
```

在 R4 上会产生汇总路由:

```
O E2 172.9.0.0/16 [110/20] via 192.9.34.3, 00:04:33, FastEthernet0/0.34
```

ASBR 汇总生效的条件是,重分发路由生成的 5 类 LSA 中的网络号不在汇总网段范围内,则仍以精确的 5 类 LSA 通告。

9. OSPF 默认路由的引入和选路优化

对于一个大型网络来说,很大一部分的业务量并不在区域内部,而是通往 Internet 的出口,因此默认路由的引入也是组织网络中 OSPF 设计的一大要点。对于 OSPF 网络的默认路由引入方式,推荐使用默认路由重分发到 OSPF 网络的方法。

在实际的大多数工程案例中,组织网络的出口不止一个,如何有效地将出口的流量分担到多条链路上就构成了 OSPF 设计中的一个难点。图 3-51 所示为简单的双出口网络,OSPF 会直接选择将所有的流量都从 S0 接口发出走 E1 线路,这是一种极大的浪费。

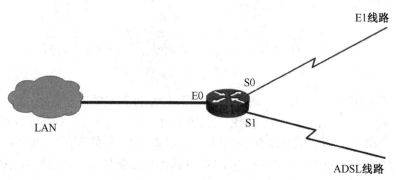

图 3-51　简单的 OSPF 双出口网络

虽然有很多种方法能够起到分担流量的目的,最简单也最安全的方法是使用 OSPF 内建的选路机制。因为 OSPF 路由器对一条路由的优劣判断是通过计算其 cost 值来实现的,cost 值小的路由会被路由器优先放入路由表中。通过调整 OSPF 接口的 cost 值可以使路由器选择不同的链路出口来达到负载分担的目的。

需要注意的是,OSPF 有专门的默认路由引入命令,应使用 default-information origin 命令,而不能使用 redistribute 命令。

10. OSPF 网络的基本安全防护

在默认情况下,OSPF 路由器不做身份认证,完全相信邻居路由器发送过来的 OSPF 报文,也完全相信这些报文没有被修改过。为了确保路由信息来自特定的源,加强网络的安全性，OSPF 允许一定区域内的路由器之间互相进行身份认证。配置身份认证是为了防止学到非认证、无效的路由，以及避免通告有效路由到非认证路由器。在广播类型网络中，身份认证还可以避免非认证路由器成为指定路由器的可能，保证了路由系统的稳定性和抗入侵性。

OSPF 的身份认证包括明文认证和 MD5 认证两种方式。这两种认证方式可以在 OSPF 区域内的路由器或接口上使用，如图 3-52 所示。

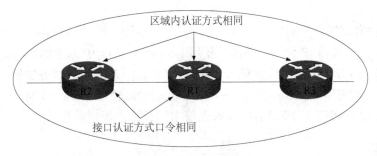

图 3-52 OSPF 的身份认证

任务实施

1. 静态路由规划。
2. RIP 动态路由规划。
3. OSPF 动态路由规划。
4. 参加任务结果分享。

3.5 任务实施

任务评价

根据任务完成情况，简明扼要地填写任务评价表，并将相关截图上传。

3.5 任务评价

归纳总结

大中型企业局域网是指由三层交换机或路由器连接多个网段构成的局域网，网段之间可能相距较远，也可能不直接相连。当需要将数据包从一个子网发往另一个子网的时候，必须借助具有 IP 数据包路由能力的三层交换机或路由器。具有路由能力的三层设备有 3 种方式获得网络中的路由信息，包括从链路层协议直接学习、人工配置静态路由和从动态路由中学习。各类路由各有优缺点，可根据网络结构和实际需求来选择。如果网络拓扑是星状，各节点之间没有冗余链路，则可以使用静态路由；如果网络中有冗余链路，如全互联或环形拓扑，则可以使用动态路由，以增强路由可靠性。如果网络是分层的，则通常在接入层使用静态路由来降低资源的消耗；而在汇聚层或核心层使用动态路由来增加可靠性。

本任务测试习题包括填空题、选择题和判断题。

3.5 在线测试

技能训练

如图 3-53 所示的网络拓扑结构中，PC0 与 PC1 位于不同的 VLAN；交换机使用 SVI 接口 IP 地址作为其管理 IP 地址；路由器使用 Loopback 接口 IP 地址作为其管理 IP 地址；终端 IP 地址使用 192.168.0.0/16，管理 IP 地址使用 172.16.255.0/24，服务器使用 10.1.1.0/24，内网设备互联地址使用 172.16.1.0/24，公网设备互联地址使用 192.1.1.0/24，租用公网 IP 地址为 222.222.222.1～222.222.222.14，请按此要求进行路由规划，并写出关键配置脚本。

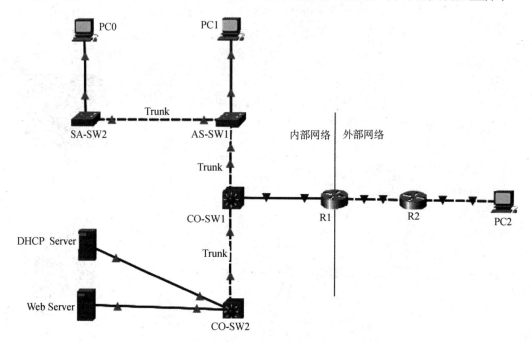

图 3-53　IP 地址规划网络拓扑结构

单元4 网络系统安全设计

随着物联网的不断扩大，每年都会有数百万的新设备加入网络中。此外，使用无线功能几乎可以在任何地方使用这些设备。威胁发起者将继续寻找可以利用的漏洞，网络管理员需要使用各种方法来保护网络中的设备和数据。网络系统本身是一个复杂的系统，其连接形式多样，终端设备分布不均匀、网络的开放性和互连性都容易导致网络系统遭受恶意攻击者和恶意软件的攻击，因此，要保护网络安全，需对网络安全进行系统安全设计。

学习目标

通过本单元的学习，学生能够了解网络安全体系结构和整体规划原则，掌握访问控制列表、防火墙、入侵检测和入侵防护、VPN 等的概念及工作原理等基本知识。
- 掌握纵深防御技术、网络设备安全加固技术、ACL 技术、防火墙技术、入侵检测与防御技术、VPN 技术等技能；
- 具备系统规划、设计、部署和实施网络安全的能力；
- 具有大国工匠精神、团队协作精神，以及遵纪守法和遵守职业道德的职业素养。

4.1 探索网络系统安全规划过程

任务场景

明确网络安全是一个动态过程，需要在网络系统运行的过程中，不断地检测安全漏洞，并实施一定的安全加固措施。依据国家的《计算机信息系统 安全保护等级划分准则》（GB 17859—1999）和相关的安全标准，可以从安全分层保护、安全策略和安全教育三方面考虑，采取以"积极防御"为首的方针进行规划。

任务布置

1. 探究网络环境中存在哪些安全问题。
2. 研究网络安全体系框架。

3. 探究网络安全分层保护措施。

4. 学习网络安全设计遵循的原则。

5. 分析网络安全设计过程。

知识准备

4.1.1 网络安全基本问题

网络安全是指网络系统的硬件、软件及其系统中的数据受到保护，不因偶然或者恶意的原因而遭受破坏、更改、泄露，系统连续、可靠、正常地运行，网络服务不中断。网络安全从其本质上来讲就是网络上的信息安全。网络系统本身是一个复杂的系统，其连接形式多样，终端设备分布不均匀，网络的开放性和互连性都容易导致网络系统遭受恶意攻击者及恶意软件的攻击。因此，网络的安全及防范问题变得非常重要，需要解决使用者对网络基础设施的信心和责任感的问题，最终就是为了保障信息的机密性（Confidentiality）、完整性（Integrity）和可用性（Availability），这三者简称 CIA 三元组，如图 4-1 所示。

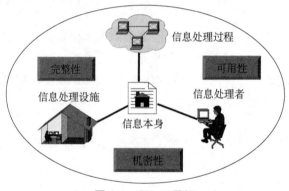

图 4-1　CIA 三元组

1. 机密性

只有获授权的个人、实体或进程可以访问敏感信息。

2. 完整性

保护数据免受未经授权用户的修改。

3. 可用性

获授权的用户必须能够不受阻挡地访问重要资源和数据。

机密性、完整性和可用性三者相互依存，形成一个不可分割的整体，三者中任何一个受到损害都将影响到整个安全系统。可以使用各种加密应用对网络数据进行加密（使未经授权的用户无法读取）。例如，两个 IP 电话用户之间的对话是可加密的，计算机中的文件也是可加密的。事实上，有数据通信的地方几乎都可以使用加密算法，未来趋势是对所有通信进行加密。

4.1.2　网络安全体系框架

网络安全设计是逻辑设计工作的重要内容之一，在设计网络体系时存在多种安全架构模型，本节将依据美国国家安全局提出的信息安全保障技术框架（Information Assurance Technical Framework，IATF）进行网络安全设计的介绍，如图 4-2 所示。

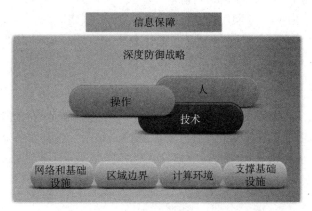

图 4-2　IATF

1. IATF 介绍

IATF 依据"深度防护战略"理论，要求从整体、过程的角度看待信息安全问题，主要关注四个层次的安全保障——保护网络和基础设施、保护边界、保护计算环境、支撑基础设施，强调人、技术和操作这三个要素。

（1）人：人是信息的主体，是信息系统的拥有者、管理者和使用者，是信息保障体系的核心，是第一位的要素，同时也是最脆弱的。正是基于这样的认识，安全组织和安全管理在安全保障体系中是第一位的。要建设信息安全保障体系，首先必须建立安全组织和安全管理，包括组织管理、技术管理和操作管理等多个方面。

（2）技术：技术是实现信息安全保障的重要手段，信息安全保障体系所应具备的各项安全服务就是通过技术机制来实现的。当然 IATF 所指的技术是防护、检测、响应、恢复并重的、动态的技术体系。

（3）操作：也可称为"运行"，它体现了安全保障体系的主动防御。如果说技术的构成是被动的，那么操作和流程就是将各方面技术紧密结合在一起的主动过程。运行保障至少包括安全评估、入侵检测、安全审计、安全监控和响应恢复等内容。

2. 网络安全结构划分

当前使用的企业网、园区网和校园网等网络的结构一般划分为内网、外网和公共子网三个部分，如图 4-3 所示。

内网　　防火墙　　公共子网　　路由器　　外网　　Internet

图 4-3　网络结构划分

（1）内网：指各种园区网络的内部局域网，包括内部服务器和用户。内部服务器只允许内部用户访问。来自内部用户的安全隐患比来自外网的攻击更加令人难防，内部用户的泄密是对系统安全的最大破坏。

（2）外网：指不属于部门内部网络的设备和主机。非授权用户可以通过各种手段来攻击、窃取内网服务器上的数据和信息资源。

（3）公共子网：内网、外网用户都能够访问的唯一网络区域，其安全管理应该是对服务器进行访问控制，对客户和服务器双方进行身份验证，同时对内外部网络服务器提供代理。

3. IATF 纵深防御方法应用举例

组织必须使用一种纵深防御的方法识别威胁（资产的任何潜在危险）并保护易受攻击的资产（任何对组织而言，有价值且必须加以保护的东西，包括服务器、基础设施设备、终端设备和数据）。此方法在网络边缘、网络内部及网络端点上使用多个安全层。

图 4-4 所示为纵深防御方法的简单拓扑。

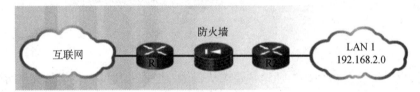

图 4-4 纵深防御方法的简单拓扑

（1）边缘路由器：第一道防线称为边缘路由器（图 4-4 中的 R1）。边缘路由器上设置一组规则，用于指定允许或拒绝的流量。它将所有到内部 LAN 的连接传递给防火墙。

（2）防火墙：第二道防线是防火墙。防火墙是一个检查点设备，它执行额外过滤并跟踪连接的状态。它拒绝从外部（不受信任）网络向内部（受信任）网络发起连接，同时允许内部用户建立与不受信任网络的双向连接。它还可以执行用户身份验证（身份验证代理），以授予外部远程用户访问内部网络资源的权限。

（3）内部路由器：第三道防线是内部路由器（图 4-4 中的 R2）。它可以在将流量转发到目标之前对流量应用最终的过滤规则。

纵深防御方法中使用的设备并不是只有路由器和防火墙，其他安全设备还包括入侵检测系统（IDS）、入侵防御系统（IPS）、高级恶意软件防护（AMP）、Web 和邮件内容安全系统、身份服务、网络访问控制等。

在分层纵深防御安全方法中，各层共同创建一个安全架构。在这个架构中，一个防护措施出现故障不会影响其他防护措施的效力。

4.1.3　网络安全分层保护

全方位的、整体的网络安全防范体系需要分层实现，不同层次反映了不同的安全问题，安全防范体系层次通常划分为物理层安全、网络层安全、系统层安全、应用层安全和管理层安全。

1. 物理层安全

物理层安全指计算机网络设施本身及其所在环境的安全，保证物理安全就是防止由于自然或者人为因素造成的对网络的物理破坏，使得网络不能正常运行，如设备被盗、火灾、断电等。宜采用的安全方法是加强物理安全条件及防范人为破坏，如装设机房门禁系统等。

2. 网络层安全

网络层安全涉及网络设备、数据、边界等受到的各种威胁，如 DoS 攻击、DDoS 攻击、IP 地址欺骗、MAC 地址欺骗、ARP 欺骗、Sniffer 嗅探、设备自身缺陷、ICMP 重定向等。宜采用的安全方法有访问控制列表（ACL）、防火墙、入侵检测系统、入侵防御系统、网络加密机（VPN 网关）等。

3. 系统层安全

常见的操作系统有 Windows、Linux、UNIX 等，在系统层的安全隐患主要有操作系统漏洞、缓冲区溢出、弱口令及不可信的访问等。宜采用的安全方法有补丁升级、选用系统加固产品等。

4. 应用层安全

应用层的任务主要有邮件服务、文件服务、数据库、Web 服务器等，其安全隐患主要包括网页篡改、程序及脚本解释器的溢出、SQL 注入、未加密的传输、缓冲区溢出、产品自身缺陷、信息泄密、病毒、木马等。宜采用的安全方法有防网页篡改、传输加密、漏洞扫描、防病毒等。

5. 管理层安全

管理层是最为关键的一层，是协助以上安全措施的有力保障，主要包括人员、制度。通过管理系统、培训、人员考核、安全外包等方式来解决管理层的安全问题。

4.1.4 网络安全设计原则

面对网络的种种威胁，为了最大限度地保护网络中的信息安全，所采用的安全管理和安全技术均应考虑如下原则。

1. 均衡性原则

网络信息安全中也有"木桶理论"（即"木桶最大容积取决于最短的一块木板"），故应对信息进行均衡、全面的保护。

2. 整体性原则

本原则要求在网络发生被攻击、破坏事件的情况下，必须尽可能快速恢复网络信息中心的服务，减少损失。

3. 一致性原则

网络安全系统是一个庞大的系统工程，其安全体系的设计必须遵循一系列的标准，这样才能确保各个分系统的一致性，使整个系统安全地互连互通、信息共享。

4. 技术与管理相结合的原则

安全体系是一个复杂的系统工程，涉及人、技术、操作等要素，单靠技术或单靠管理都不可能实现。因此，必须将各种安全技术、运行管理机制、人员思想教育、技术培训和安全规章制度建设相结合。

5. 动态发展原则

根据网络安全的变化不断调整安全措施，适应新的网络环境，满足新的网络安全需求。

6. 易操作性原则

安全措施需要人去完成，如果措施过于复杂，对人的要求过高，本身就降低了网络系统的安全性。因此，措施的采用不能影响系统的正常运行。

任务实施

1. 确定需要保护的资产。
2. 识别网络环境中的威胁。
3. 网络安全需求分析。
4. 网络安全风险分析。
5. 网络安全策略制定。
6. 网络安全机制设计。
7. 网络安全集成技术。

4.1 任务实施

任务评价

根据任务完成情况，简明扼要地填写任务评价表，并将相关截图上传。

4.1 任务评价

归纳总结

网络安全设计是网络系统集成过程中逻辑网络设计部分的重要内容，并且网络安全涉及的内容比较多、范围比较广、专业技术性强。本任务结合网络安全的纵深防御模型讨论了网络安全整体规划。

在线测试

本任务测试习题包括填空题、选择题和判断题。

4.1 在线测试

技能训练

结合本任务的学习内容，规划一个企业信息安全总体框架模型，要求涉及安全需求问题、网络安全防护体系和保障体系等内容，并描述这一模型。

4.2   保护企业内部网络的访问安全

任务场景

　　某公司局域网内部采用如图 4-5 所示的网络拓扑结构，假定你是该公司的一名网络安全管理员，请你规划网络安全措施，确保公司局域网内部网络设备的安全和网络访问安全。

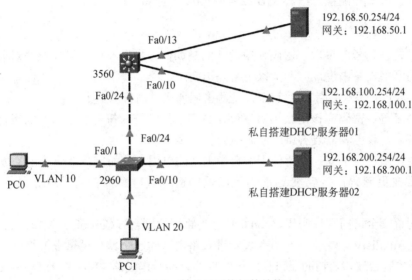

图 4-5   某公司网络拓扑结构

任务布置

　　1. 探究安全访问网络设备的主要技术措施。
　　2. 探究增强局域网安全的措施。

知识准备

4.2.1   网络设备安全管理

　　交换机或路由器等网络设备的访问方式包括物理访问和逻辑访问两种方式，可以通过控制台（Console）端口或辅助（Auxiliary）端口来物理访问 CLI，也可以通过 Telnet 或 SSH 连接来逻辑访问 CLI。

1. 防止物理路由器被攻击

（1）除管理员外，其他人不能随意接近网络设备。如果攻击者物理上能接触到网络设备，则攻击者可以通过断电重启，实施"密码修复流程"，进而登录到网络设备，就可以完全控制网络设备。路由器也提供了一个选项，就是禁止访问 ROMMON 模式，为了保护 ROMMON 模式，需要输入 no service password- recovery。如果禁用密码恢复功能，将无法恢复丢失的密码或访问 ROMMON 模式，因此选择禁用密码恢复功能时一定要格外慎重。

（2）网络设备的物理安全还需考虑适当的温度、湿度等环境条件。

（3）网络设备要做到防振、防电磁干扰、防雷、防电源波动等。

（4）《信息技术设备安全 第 1 部分：通用要求》（GB 4943.1—2011）、《信息技术设备的无线电骚扰限值和测量方法》（GB 9254—2008）等标准中的明确规定。

2. 配置健壮的系统密码

（1）配置密码考虑事项。密码使用关注的是如何保护所有的网络资源，对所有需要加强安全性的网络设备来说，应参考以下密码指南。

①最小长度：密码的字符数越多，猜测密码所需的时间就越长。

②组合字符：密码应该是大小写字母、数字、元字符（符号和空格）的组合。字符种类和数量越多，攻击者需要尝试的密码组合就越多。

③不要使用字典单词：避免使用字典中出现的单词，从而减少字典攻击的成功率。

④经常变更密码：经常变更密码可以限制密码被破解后的有用性，从而降低整体损失。

（2）配置安全访问端口密码。con 0 映射为物理控制台（Console）端口；aux 0 映射为物理辅助（Auxiliary）端口；vty 0 4 表示进入路由器的 5 个默认逻辑虚拟终端（VTY）接入端口。将控制台端口、辅助端口和虚拟终端端口都看作线路（Line）。在线路（con 0、aux 0 和 vty 0）上使用命令 login 时将启动密码检查，如果没有该命令（no login），则不检查已配置的密码（默认非加密），或者在激活线路时进行密码检查。由于通过特权模式用户可以完全地访问路由器，因此应该将特权模式接入的访问保留给受信任的网络管理员。

①严格控制 Console 端口的访问。如果可以开机箱，则可以切断与 Console 端口互连的物理线路。

改变默认的连接属性，如修改波特率（默认是 9600，可以改为其他值）。

配合使用访问控制列表控制对 Console 端口的访问，如：

```
R1(config)#access-list 1 permit 192.168.0.1    //定义访问列表
R1(config)#line con 0                          //进入 Console 线路终端模式
R1(config-line)#transport input none           //拒绝所有输入
R1(config-line)#login local                    //使用路由器本地的用户数据库进
                                                 行远程登录验证
R1(config-line)#exec-timeout 5 0               //线路超时时间为5min
R1(config-line)#access-class 1 in              //将上面定义的访问列表应用在
                                                 Console端口上
```

给 Console 端口设置高强度的密码。

```
R1(config)#line con 0                    //进入 Console 线路终端模式
R1(config-line)#password Up&atm@7!       //给 Console 端口设置高强度密码
R1(config-line)#login                    //使用本地密码验证登录方式
```

②禁用不需要的 Auxiliary 端口。如果不使用 Auxiliary 端口，则禁止这个端口，默认是未被启用，如：

```
R1(config)#line aux 0                     //进入 Auxiliary 线路终端模式
R1(config-line)#transport input none      //拒绝所有输入
R1(config-line)#no exec                    //关闭连接
```

③设置使能密码。由于通过特权模式用户可以完全地访问路由器，因此应该将特权模式接入的访问保留给受信任的网络管理员，如：

```
R1(config)#enable password cisco         //密码未加密，执行 show run 命令能查看到
R1(config)#enable secret cisco           //密码已使用 MD5 加密，执行 show run 命令
                                         //不能获得密码的真实内容
```

若同时配置了 enable password 和 enable secret 密码，则后一命令生效。

④加密配置文件中的密码。执行 service password-encryption 命令将配置文件中当前和将来的所有密码加密为密文，主要用于防止未授权用户查看配置文件中的密码，但很容易使用密码破解程序进行破解，如图 4-6 所示。

图 4-6　密码加密

⑤设置密码最小长度。网络管理策略应说明用于访问网络设备的密码的最小长度，密码最小长度的范围是 1~16 个字符，建议路由器密码的最小长度设置为 10 个字符。在执行 user password、enable secret password 和 line password 等命令设置密码时，其长度也至少是 10 个字符，命令如下：

```
R1(config)#security passwords min-length 10      //设置密码的最小长度为10位
```

⑥创建本地用户数据库。在本地数据库中维护用户和密码列表以执行本地登录验证，执行如下命令：

```
R1(config)#username name secret 0 password|5 encrypted-secret
```

表 4-1 为以上命令各参数的详细说明。

表 4-1 参数说明

参 数	说 明
name	指定用户名
0	（可选）这个选项指出明文密码被路由器用 MD5 进行散列
password	明文密码，用 MD5 进行散列运算
5	（可选）这个选项指出加密的安全密码被路由器用 MD5 进行散列
encrypted-secret	加密的安全密码，用 MD5 进行散列运算

3. 虚拟登录的安全配置

网络管理员通常会使用 Telnet 来访问交换机或路由器。但 SSH 正在成为企业标准，因为它对于安全性具有更为严格的要求。同样地，通过 HTTP 访问设备也正在被安全的 HTTPS 所取代。

Telnet 是一种不安全的协议，包含以下漏洞：

（1）所有的用户名、密码和数据都是以明文方式穿越公共网络的。

（2）用户使用系统中的一个账户可以获得更高的权限。

（3）远程攻击者可以使 Telnet 服务瘫痪，通过发起 DoS 攻击，比如打开过多的虚假 Telnet 会话，就可以阻止合法用户使用该服务。

（4）远程攻击者可能会找到启用的客户账户，而这个客户账户可能属于服务器可信域。

在使用 SSH 进行登录时，整个登录会话（包括密码的传输）都是加密的，因此外部攻击者无法获取密码。SSHv1 有各种安全性隐患，建议管理员使用 SSHv2 代替 SSHv1。

4.2.2 内部网络安全机制

实现内部网络安全的常见技术措施有端口安全、DHCP Snooping、动态 ARP 检测、802.1X 接入认证、缓解 VLAN 跳跃攻击、STP 防护、PVLAN、端口保护及抑制广播风暴等。限于篇幅，本节只详细讨论端口安全、DHCP Snooping 和 802.1X 接入认证等三项安全技术措施的部署与实现。

1. 端口安全防护技术

端口安全特性会通过 MAC 地址表记录连接到交换机端口的以太网 MAC 地址，并只允许某个 MAC 地址通过本端口通信。其他 MAC 地址发送的数据包通过此端口时，端口安全特性会阻止它。使用端口安全特性可以防止未经允许的设备访问网络，并增强安全性。另外，

端口安全机制的规划
与实施（微课）

端口安全特性也可用于防止 MAC 地址泛洪造成 MAC 地址表填满。下面以一个具体的实例讨论端口安全的规划与实施过程。

某企业采用如图 4-7 所示的网络拓扑结构，交换机连接集线器来扩展一个端口上接入用户终端的数量。这样的网络架构存在非法用户接入的安全风险，如 MAC 地址欺骗、交换机 MAC 地址表泛洪攻击和 IP 地址资源耗尽。为了解决这些攻击带来的危害，需要在接入层交换机上启用端口安全机制，如静态安全 MAC 地址绑定、动态安全 MAC 地址和黏滞安全 MAC 地址等。

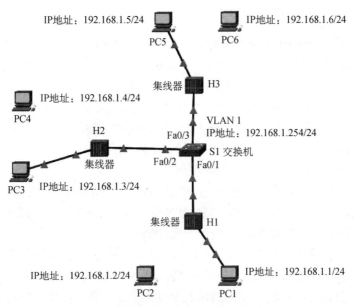

IP地址：192.168.1.5/24　PC5　　PC6　IP地址：192.168.1.6/24

集线器　H3

IP地址：192.168.1.4/24　PC4

H2　　VLAN 1
集线器　Fa0/3　IP地址：192.168.1.254/24
Fa0/2　S1 交换机
PC3　IP地址：192.168.1.3/24　Fa0/1

集线器　H1

IP地址：192.168.1.2/24　PC2　　PC1　IP地址：192.168.1.1/24

图 4-7　端口安全规划网络拓扑结构

（1）将交换机 S1 的 Fa0/1-3 端口配置为接入端口。

（2）端口安全参数配置。设置端口接入的最大 MAC 地址数为 1，分别在 Fa0/1、Fa0/2 和 Fa0/3 端口上设置 shutdown、restrict 和 protect 违例规则。

```
S1(config)#interface range fastEthernet 0/1-3   //选定启用端口为安全的端口
S1(config-if-range)#switchport port-security    //启用端口安全
S1(config-if-range)#switchport port-security maximum 1 //设置端口接入最大
                                                       //MAC 数量
S1(config)#interface fastEthernet 0/1   //选定交换机的 Fa0/1端口
S1(config-if)#switchport port-security violation shutdown  //设置 Fa0/1端
                               //口违例的处理方式为 shutdown
S1(config)#interface fastEthernet 0/2   //选定交换机的 Fa0/2端口
S1(config-if)#switchport port-security violation restrict  //设置 Fa0/2端
                               //口违例的处理方式为 restrict
S1(config)#interface fastEthernet 0/3   //选定交换机的 Fa0/1端口
S1(config-if)#switchport port-security violation protect
                          //设置 Fa0/3端口违例的处理方式为 protect
```

（3）配置安全端口的安全地址。在 Fa0/1 上设置静态安全 MAC 地址，在 Fa0/2 上设置动态安全 MAC 地址，在 Fa0/3 上设置黏滞安全的 MAC 地址。

```
S1(config)#interface fastEthernet 0/1   //选定交换机的 Fa0/1端口
S1(config-if)#switchport port-security mac-address 00D0.5819.EE5C
                       //在 Fa0/1端口上配置静态安全 MAC 地址为 PC1 的 MAC 地址
                       //在 Fa0/2端口上设置动态 MAC 地址（不需要配置）
S1(config-if)#interface Fa0/3   //选定交换机的 Fa0/3端口
s1(config-if)#switchport port-security mac-address sticky
                          //在 Fa0/3端口设置上黏滞安全的 MAC 地址
```

（4）配置结果验证。

①按照图 4-7 规划的 IP 地址，在测试终端和交换机上配置 IP 地址，然后在 S1 上执行 ping 192.168.1.255 命令发送广播包，执行 show port-security address 命令查看端口安全地址表，发现有静态安全、动态安全和黏滞安全三种类型。

②连接 PC2 到集线器 H1，发现 Fa0/1 端口因违例而关闭，与预设的安全策略一致。

③连接 PC4 到集线器 H2，执行 ping S1 的 SVI 接口地址命令，发现不能 ping 通，执行 show port-security 命令，发现 Fa0/2 端口状态受限（restrict）且有违例次数提示，继续用 PC3 ping S1 的 SVI 接口 IP 地址，发现不受影响。

④连接 PC6 到集线器 H3，执行 ping S1 的 SVI 接口地址命令，发现不能 ping 通，执行 show port-security 命令，发现 Fa0/3 端口状态保护（protect）且没有提示违例次数，继续用 PC5 ping S1 的 SVI 接口 IP 地址，发现不受影响。

以上结果说明：违例方式为关闭（shutdown）时，会影响到原有用户终端的通信；而违例方式为 restrict 和 protect 时，不会影响到原有用户终端的通信。

通过以上配置过程，可以总结出端口安全设计要点：确定需要保护的接入层交换机接口；规划端口所能支持的最大 MAC 地址数量；根据网络环境条件选择应采用的端口安全技术和采用的违例方式。

需要注意的是，如果端口进入 "err-disable" 状态后，要恢复正常，必须在全局模式下输入命令 errdisable recovery cause secure-violation 开启，或者可以手动输入 shutdown 命令关闭端口，再输入 no shutdown 命令激活端口。

2. DHCP Snooping

DHCP 的主要作用是为主机动态分配 IP 地址信息，它的缺点是不具备验证机制。如果非法的 DHCP 服务器连接到网络，将向合法的客户端提供错误 IP 配置参数，从而将客户机的流量引向攻击者所期望的目的地。下面以一个具体的实例讨论 DHCP Snooping 的规划与实施过程。

如图 4-8 所示的网络拓扑结构，Router 模拟一台合法的 DHCP 服务器，向用户 PC 动态分配 IP 地址。在交换机 Switch 上规划了 VLAN 5，将端口 Fa0/1、Fa0/2 和 Fa0/3 划分至 VLAN 5 中。网络中模拟了一台攻击服务器接入 Switch 的 Fa0/3，将造成合法用户主机获取错误的 IP 地址。

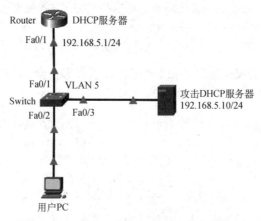

图 4-8　DHCP Snooping 防护网络拓扑结构

（1）网络基本配置。按照图 4-7 规划的 VLAN 及 IP 地址，在交换机上完成 VLAN 5 的创建与划分操作，在路由器上配置接口 IP 地址。

（2）DHCP 服务配置。在路由器上配置合法的 DHCP 服务器，具体要求是建立地址池名称为 NET5，分配的网段为 192.168.5.0/24，下发默认网关为 192.168.5.1；配置非法 DHCP 服务器的 IP 地址为 192.168.5.10。在攻击服务器的配置界面中，打开 Servers 菜单，在弹出界面的左侧窗格中选中 DHCP，然后在右侧窗格的 Service 选项中选择 On 单选按钮，在 Pool Name 文本框中输入 NET5，默认网关项中不输入任何值，这样做的目的是看清用户 PC 究竟获得的是哪一台服务器的 IP 地址。在 Start IP Address 文本框中输入 192.168.5.1，在 Subnet Mask 文本框中输入 255.255.255.0，单击 "Add" 按钮即可，如图 4-9 所示。

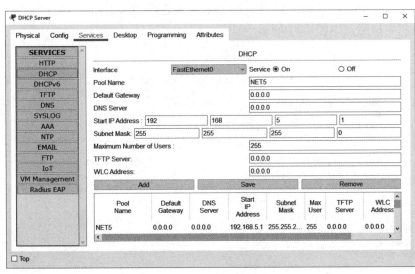

图 4-9 DHCP 服务配置界面

（3）验证用户 PC 获取的 IP 地址。将用户 PC 获取 IP 地址的方式设置为自动获取，发现用户 PC 获取 IP 地址，但没有网关，说明获取的是攻击 DHCP 服务器提供的 IP 地址，此时 DHCP 欺骗就发生了。

（4）配置 DHCP Snooping。配置过程如下：

```
Switch(config)#ip dhcp snooping //全局启动 DHCP Snooping
Switch(config)#ip dhcp snooping vlan 5  //针对特定 VLAN 启用 DHCP Snooping
Switch(config)#interface fastEthernet 0/1   //选定 Fa0/1 端口
Switch(config-if)#ip dhcp snooping trust   //将 Fa0/1 端口设置为信任端口，其余
//为非信任端口，信任端口会放行 DHCP Offer 报文，非信任端口会阻止 DHCP Offer 报文。也就是
//将连接合法 DHCP 的服务端口设置为信任端口
Switch(config)#interface Fa0/2  //选定 Fa0/2 端口
Switch(config-if)#ip dhcp snooping limit rate 10   //配置下连端口每秒可接收的
//DHCP 数据包的数量（这里我们设置每秒最大 10 个）。其功能主要是缓解对 DHCP 服务器的恶意请求
//攻击
```

完成以上配置后，再次使用用户 PC 重新获取 IP 地址，此时发现用户 PC 不能获取到 IP 地址了，主要原因是启用 DHCP Snooping 的交换机会自动将接收到的 DHCP 数据包插入

Option 82 相关内容，DHCP 服务会拒绝接收这一报文，因此需要在 DHCP 服务器上设置这类报文为可以信任的报文，才能接收这类报文。具体做法是，在 DHCP 服务器（路由器）上执行 ip dhcp relay information trust-all 命令，使服务器能够接收带有 option 82 字段的 DHCP 报文。

使用户 PC 重新获取 IP 地址，发现能够获取到 IP 地址，并且是合法 DHCP 服务器提供的 IP 地址。

（5）配置结果验证。执行 show ip dhcp snooping 命令，在输出结果中，可以看到交换机上哪些是信任端口和非信任端口，端口上是否对 DHCP 报文进行速率限制等信息，如图 4-10 所示；执行 show ip dhcp snooping binding 命令，其输出结果中包含了终端 MacAddress、IpAddress、Lease 租赁时间(sec)、是否启用 DHCP snooping Type、VLAN Interface 等相关信息，如图 4-11 所示。

```
Switch#show ip dhcp snooping
Switch DHCP snooping is enabled
DHCP snooping is configured on following VLANs:
5
Insertion of option 82 is enabled
Option 82 on untrusted port is not allowed
Verification of hwaddr field is enabled
Interface                 Trusted      Rate limit (pps)
---------------------     -------      ----------------
FastEthernet0/1           yes          unlimited
FastEthernet0/2           no           10
FastEthernet0/3           no           unlimited
```

图 4-10　DHCP Snooping 配置结果验证

```
Switch#show ip dhcp snooping binding
MacAddress          IpAddress         Lease(sec)   Type            VLAN
Interface
------------------  ---------------   ----------   -------------   ----
------------------
00:60:3E:A3:3E:DD   192.168.5.2       86400        dhcp-snooping   5
FastEthernet0/2
Total number of bindings: 1
```

图 4-11　DHCP Snooping 绑定信息

从 DHCP Snooping 的配置过程可以总结出进行 DHCP 服务防护的安全设计要点：确定 DHCP 服务器的位置，将交换机上连接 DHCP 服务器的端口设置为信任端口。

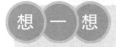

　　如果在接入层交换机上连汇聚层交换机，DHCP 服务器部署在汇聚层交换机上，如何规划 DHCP Snooping？

3. 使用 802.1X 实现安全访问控制

在前面的学习中，使用安全端口、地址绑定及限制最大连接数等措施实现了网络接入安全控制。但这些方法使用起来不够灵活，不能针对客户网络实施接入管理。在简单、廉价的以太网技术基础上，提供用户对网络或设备访问的合法性验证，已经成为业界关注的焦点，802.1X 正是在这样的背景下被提出来的。下面以一个具体的实例讨论 802.1X 的规划与实施过程。

　　如图 4-12 所示的网络拓扑结构，接入层交换机 SW 支持 802.1X，RADIUS Server 实现用户的集中管理，管理员不必考虑用户连接到哪个端口上，因此将与 RADIUS 服务器相连的接口配置为非受控端口，以便 SW 能正常地与 RADIUS 服务器进行通信，使验证用户能通过该端口访问网络资源；将与用户 PC 相连的端口配置为受控端口，实现对用户的控制，用户必须通过验证后才能访问网络资源。

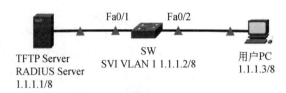

图 4-12　使用 802.1X 实现安全访问控制的网络拓扑结构

　　（1）配置接口 IP 地址和主机 IP 地址。这里在交换机上 SVI VLAN 1 接口的 IP 地址为 1.1.1.2/8，主要原因是目前交换机使用的 IOS 版本低于 15.0（执行 show version 命令查看），不支持 802.1X，因此需要在交换机 SW 上升级 IOS 版本至 15.0 及以上，为了完成和服务器之间的通信，必须有一个 IP 地址。

　　（2）升级交换机 IOS。在交换机的特权配置模式下执行 dir 命令，可以看见当前交换机 IOS 的名称为 c2960-lanbase-mz.122-25.FX.bin，文件名称比较长，可以选定后复制。执行 del c2960-lanbase-mz.122-25.FX.bin 命令删除该镜像文件。在 TFTP 服务器上，可以看到 2960 交换机的 15.0 镜像文件 c2960-lanbasek9-mz.150-2.SE4.bin，然后执行 copy tftp flash 命令，将 TFTP 的镜像下载到交换机的 Flash 中。执行 reload 命令，重启交换机，使新的 IOS 镜像文件生效。交换机重启后，执行 dir 命令，可以看到新的 IOS 文件名称为 c2960-lanbasek9-mz.150-2.SE4.bin。

　　（3）配置 RADIUS 服务器。在 AAA 服务配置页面的 Service 选项中选择 On 单选按钮。在网络配置项，将客户端名称设置为 AAA，客户端 IP 地址为 1.1.1.2，共享密钥设置为 123456，服务类型设置为 Radius，单击 "Add" 按钮。在 Username 文本框中输入 tester，在 Password 文本框中输入 testing，单击 "Add" 按钮。单击左侧窗格的 Radius EAP，在右侧窗格中，勾选 Allow EAP-MD5 复选按钮。

　　（4）在交换机上配置 802.1X：

```
SW(config)#aaa new-model      //启用 AAA 功能
SW(config)#radius-server host 1.1.1.1 auth-port 1645 key 123456
                            //配置 RADIUS 服务器的 IP 地址、设置认证端口与通信密钥
SW(config)#aaa authentication dot1x default group radius
                                        //使用默认的认证方法列表
SW(config)#dot1x system-auth-control        //启用系统认证控制命令
SW(config)#int Fa0/2                        //选定 Fa0/2 端口
SW(config-if)# authentication port-control auto//启用 802.1X 功能
SW(config-if)#dot1x pae authenticator        //设置端口的认证角色为认证者
```

（5）验证配置结果。在用户 PC 上执行 ping 服务器 IP 地址命令，发现不能 ping 通，原因是连接用户 PC 的端口上启用了 802.1X，当前还没通过认证。打开用户 PC 的 IP 地址配置界面，在 802.1X 项中勾选 Use 802.1X Security 复选框。在 Username 的文本框中输入 RADIUS 服务器中创建的用户 tester，Password 文本框中输入 testing。此时，在用户 PC 上执行 ping 服务器 IP 地址命令，发现能 ping 通了。

任务实施

1. 网络设备密码保护规划。
2. 网络设备访问安全设计。
3. 局域网安全机制设计部署。
4. 参加成果分享。

4.2 任务实施

任务评价

根据任务完成情况，简明扼要填写任务评价表，并将相关截图上传。

4.2 任务评价

归纳总结

本任务讨论路由器的交互式访问、口令保护和路由协议认证等安全机制，这些安全机制缓解了路由器因自身安全问题而给整个网络带来的漏洞和风险。交换机作为网络环境中重要的转发设备，一般嵌入了各种安全模块，实现了相当多的安全机制，包括各种类型的 VLAN 技术、端口安全技术、802.1X 接入认证技术等，有些交换机还具有防范欺骗攻击的功能，如 DHCP Snooping、源地址防护和动态 ARP 检测等。

在线测试

本任务测试习题包括填空题、选择题和判断题。

4.2 在线测试

技能训练

根据本任务的规划结果，在锐捷、思科等主流网络设备上进行调试，写出主要配置脚本，将测试结果截图进行简要分析后，保存在 Word 文档中。

4.3 部署安全访问企业资源的策略

任务场景

某公司采用如图 4-13 所示的网络拓扑结构。其中，公司办公人员的终端划分在 VLAN 10 中，使用 192.168.10.0/24 网段；财务人员的终端划分在 VLAN 20 中，使用 192.168.20.0/24 网段；公共 Web 服务器划分在 VLAN 30 中，使用 10.1.30.0/24 网段；财务 Web 服务器划分在 VLAN 40 中，使用 10.1.40.0/24 网段，各网段所使用的网关都部署在核心交换机上，均使用每个网段的第 1 个地址，172.16.1.0/24 网段用于设备互连使用，ISP 路由器用于模拟 Internet。为了提高公司网络运行的安全性，要求使用访问控制列表，实施以下安全策略：办公 PC 和财务 PC 之间不能相互通信，财务 PC 不能访问公共 Web 服务器，办公 PC 不能访问财务 Web 服务器，财务 PC 不能访问 Internet，财务 Web 服务器不能与 Internet 通信。

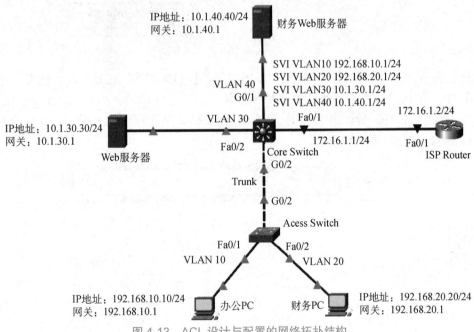

图 4-13 ACL 设计与配置的网络拓扑结构

任务布置

1. 回顾访问控制列表的基本知识。
2. 研究层次结构网络模型。
3. 分析网络拓扑结构设计原则。
4. 探究网络拓扑结构设计内容。

4.3.1 访问控制列表概述

访问控制列表（ACL）是基于协议（主要是 IP）有序匹配规则的过滤器列表（由若干条语句组成），每条规则（Rule）包括了过滤信息及匹配此规则时应采取的动作（允许或拒绝），规则包含的信息可以是 IP 地址、协议、端口号等条件的有效组合，如图 4-14 所示。

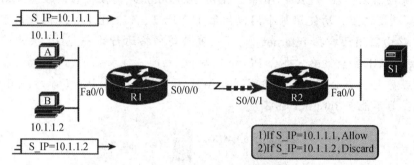

图 4-14　访问控制列表概念示意图

ACL 为网络工程师提供了一种识别不同类型数据包的方法。ACL 的配置列出了路由器可以在 IP、TCP、UDP 和其他包头中看到的值，如图 4-15 所示。例如，ACL 可以匹配源 IP 地址为 1.1.1.1，或目标 IP 地址是子网 10.1.1.0/24 中某个地址的数据包，或目标端口为 TCP 端口 23（Telnet）的数据包。

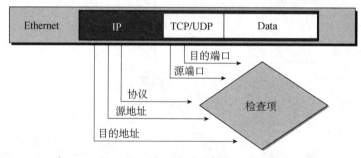

图 4-15　访问控制列表的检查项

1. 访问控制列表的主要功能

（1）限制网络流量以提高网络性能。例如，如果组织的安全策略不允许在网络中传输视频流量，那么就应该配置和应用 ACL 以阻止视频流量，这可以显著降低网络负载并提高网络性能。

（2）提供控制或优化通信流量的手段。例如在前缀列表、分发列表和路由图等工具中调用 ACL，可以限制路由更新的传输，从而确保更新都来自一个已知的来源。

（3）提供基本的网络访问安全控制。ACL 可以允许一台主机访问部分网络，同时阻止其他主机访问同一区域，例如，"人力资源"网络仅限授权用户进行访问。

（4）区分或匹配特定的数据流。路由器还可以针对许多不同的应用程序使用匹配数据包以做出过滤决策。例如，使用 NAT 扩展网络地址时就应用了 ACL 匹配数据包的功能，本节 VPN 设计主题中也将应用 ACL 来匹配数据包以做出建立 VPN 的决策。

2. 访问控制列表的分类

在路由器上，按照 ACL 的创建方式来划分，使用数字或名称来标识 ACL，同时 ACL 分为标准的或扩展的。表 4-2 显示了 IP ACL 类别有关的重要信息。

表 4-2　IP ACL 类别有关重要信息

ACL 类型	数　字	扩展数字	检查项目
IP 标准 ACL	1~99	1300~1999	源地址
IP 扩展 ACL	100~199	2000~2699	源地址、目的地址、协议、端口号及其他
命名标准 ACL	名字		源地址
命名扩展 ACL	名字		源地址、目的地址、协议、端口号及其他

标准 ACL 仅匹配源 IP 地址，而扩展 ACL 匹配各种数据包头字段，因此扩展的 ACL 在匹配数据包方面具有更强大的功能。另外，按照 ACL 的功能来划分，可分为基本型、时间型等。需要注意的是，不同路由器设备生产商支持 ACL 的功能会有所差异，因此分类的方法和名称会有所不同。

3. 访问控制列表的工作原理

路由器的 ACL 与接口关联，并与数据包流动方向（输入或输出）关联。因此，ACL 要么用于入站流量过滤，要么用于出站流量过滤。每当分组经过有 ACL 的接口时，路由器将在 ACL 中按从上到下的顺序查找与分组匹配的语句，ACL 使用允许或拒绝规则来决定数据包的命运。当配置入站 ACL 时，传入数据包经过 ACL 处理之后才会被路由到出站接口；当配置出站 ACL 时，传入数据包路由到出站接口后，由出站 ACL 进行处理。

例如，图 4-16 中的箭头显示了可以过滤网络中从左到右流动的数据包的位置。这里假设允许主机 A 发送到服务器 S1 的数据包，但丢弃主机 B 发送到服务器 S1 的数据包。每条箭头线表示路由器可以应用 ACL 来过滤主机 B 发送的数据包的位置和方向。

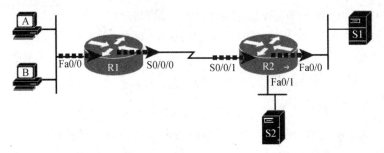

图 4-16　过滤来自主机 A 和 B 到达服务器 S1 的数据包的位置

4. 访问控制列表设置规则

在路由器上设置 ACL 时，需遵循如下规则：

（1）当没有配置 ACL 时，路由器默认允许所有数据包通过。

（2）ACL 对路由器自身产生的数据包不起作用。

（3）对于每个协议，每个接口的每个方向只能设置一个 ACL。

（4）每个 ACL 中包含一条或多条语句，但是有先后顺序之分。

（5）每个 ACL 的末尾都隐含一条"拒绝所有流量"语句。

（6）ACL 条件中必须至少存在一条 permit 语句，否则将拒绝所有流量。

（7）不能单独删除数字标识 ACL 中的一条语句。

（8）可以在名称标识 ACL 中单独增加或删除一条语句。

4.3.2 通配符掩码的匹配操作

一条 ACL 语句通常包括命令、动作和匹配参数。其中数字标识 ACL 使用 access-list 命令，名称标识 ACL 使用 ip access-list 命令；动作要么允许，要么拒绝，取决于制定的安全策略；匹配参数比较复杂，对于标准 ACL，只能使用称为 ACL 通配符掩码的内容来匹配源 IP 地址或部分源 IP 地址，对于扩展的 ACL，除了与通配符掩码相关，还与使用的协议、端口号等有关。

1. 通配符掩码的概念

网络中有几种类型的掩码，在 IP 地址的表示中使用的是默认掩码或子网掩码（Mask）：网络号为连续的 1，主机号为连续的 0，用来区分 IP 地址的网络部分与主机部分；在 OSPF 路由进程宣告某一区域的直连网络 IP 地址时使用的是反掩码：网络号为连续的 0，主机号为连续的 1，用来确定同一区域内主机 IP 地址的范围，如 OSPF 中要求处于同一子网的主机才能建立邻居关系；在 ACL 中使用通配符掩码：网络号中的 1 可以不连续，用于指示路由器怎样检查数据包中的 IP 地址，用来匹配一个或者一组 IP 地址。

通配符掩码与 IP 地址配合使用，采用"IP 地址 通配符掩码"的表达形式，其中通配符掩码位是"0"表示必须匹配 IP 地址对应的比特，通配符掩码位是"1"表示不必匹配 IP 地址对应的比特，如图 4-17 所示。

图 4-17 中显示了两个明显不同的 IP 地址，通配符掩码 0.255.255.255 告诉路由器在比较时忽略最后 3 个八位字节，第 1 个八位字节的值必须为 10。因此，这个示例给定的 2 个 IP 地址都是匹配的。

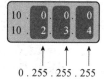

图 4-17 通配符掩码操作示意图

2. 常用的通配符掩码

（1）全 0 通配符掩码。全 0 的通配符掩码要求对应 IP 地址的所有位都必须匹配。例如 123.1.2.3 0.0.0.0 表示的就是 IP 地址 123.1.2.3 本身，在访问列表中亦可表示为 host 123.1.2.3。

（2）全 1 通配符掩码。全 1 的通配符掩码表示对应的 IP 地址的所有位都不必匹配。也就是说，IP 地址可任意。例如 0.0.0.0 255.255.255.255 表示的就是任意主机的 IP 地址，在访问列表中亦可表示为 any。

表达一段地址。网络管理员要想使用通配符掩码让路由器检测数据是否来自 172.30.16.0～172.30.31.0 的子网，从而决定来自这些子网的数据是允许还是拒绝，则表示为 172.30.16.0 0.0.15.255。

通过以上分析，可以得到一个求解通配符掩码的捷径，用最大的 IP 地址减去最小的 IP 地址即为通配符掩码，匹配 IP 地址的范围是最小 IP 地址～最小 IP 地址+通配符掩码。读者可以利用该结论很快写出以下例子的通配符掩码。

● 写出匹配 192.168.1.0～192.168.1.255 中所有奇数或偶数地址的通配符掩码（提示：偶数最小地址是 192.168.1.0，奇数最小地址是 192.168.1.1）。

● 写出匹配 172.16.0.0/24，172.16.1.0/24，172.16.2.0/24，172.16.3.0/24，…，172.16.7.0/24 的所有偶数路由条目的通配符掩码。

● 使用一条 ACL 来匹配 10.1.1.0/24，10.1.3.0/24，10.1.5.0/24，10.1.7.0/24，…，10.1.17.0/24，10.1.19.0/24，10.1.21.0/24，10.1.23.0/24 这些 IP 地址的通配符掩码。

在配置 ACL 时必须有通配符掩码，而且通配符掩码的正确与否直接决定了 ACL 如何工作，在实际应用中应多加注意。

通配符掩码就是反掩码，对吗？

3. 匹配操作过程分析

如图 4-18 和图 4-19 所示，图中的 ACL 伪代码使用了通配符掩码创建的逻辑。这两个图中的 ACL 伪代码中的逻辑包括以下内容。

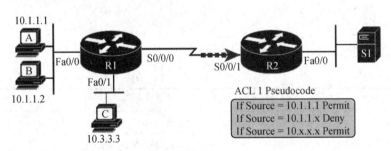

图 4-18　ACL 中匹配操作过程示意图

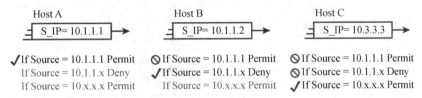

图 4-19　不同主机的 ACL 匹配操作比较

第 1 行：匹配并允许所有源地址为 10.1.1.1 的数据包。

第 2 行：匹配并拒绝源地址为前 3 个八位字节 10.1.1.x 的所有数据包。

第 3 行：将所有地址匹配并允许使用第 1 个八位字节 10.x.x.x。

4.3.3 访问控制列表配置操作

这里只介绍数字标识 ACL 的配置命令，名称标识 ACL 的配置命令与此类似。

1. 标准访问控制列表配置命令

标准 ACL 使得路由器通过对源 IP 地址的识别，控制对来自某个或某一网段的主机的数据包的过滤。在全局配置模式下，标准 IP ACL 的命令格式为：

```
Router(config)#access-list access-list-number deny | permit source wildcard-mask
```

该命令的含义为：定义某编号访问列表，允许（或拒绝）来自 IP 地址 source 和通配符掩码 wildcard-mask 确定的某个或某网段主机的数据包通过路由器。其中：

（1）access-list-number 为列表编号，取值为 1～99，允许扩充使用 1300～1999 的编号。

（2）deny | permit 意为"拒绝或允许"，必选其一，source-ip-address 为源 IP 地址或网络地址；wildcard-mask 为通配符掩码，如果不明确指定，默认为 0.0.0.0。

2. 扩展访问控制列表配置命令

扩展 ACL 除了能基于源 IP 地址对数据包进行过滤，还可以基于目标 IP 地址、协议或者端口号（服务）对数据包进行控制。使用扩展 ACL 可以更加精确地控制流量过滤，提升网络安全性。在全局配置模式下，扩展 ACL 的命令格式为：

```
access-list  access-list-number  deny|permit|remark  protocol  source
source-wildcard-mask
   [operator    port|protocol-name]destination    destination-wildcard-mask
[operator port|protocol-name]
   [established]
```

各参数的含义见表 4-3。

表 4-3　扩展 ACL 命令参数的含义

关键字或参数	含　　义
protocol	协议或协议标识关键字，包括 ip、eigrp、ospf、gre、icmp、igmp、igrp、tcp、udp 等
source	源地址或网络号
source-wildcard-mask	源通配符掩码
destination	目标地址或网络号
destination-wildcard-mask	目标通配符掩码
access-list-number	访问列表号，取值 100～199；2000～2699
operator port|server-name	operator 操作符，可用的操作符包括 lt（小于）、gt（大于）、eq（等于）、neq（不等于）和 range（范围）等；port 协议端口号，server-name 服务名
established	仅用于 TCP；指示已建立的连接

operator port|protocol-name 用于限定使用某种网络协议的数据包的端口或协议名称或关键字，如：

```
eq 21|ftp
eq 20|ftpdata
//限定使用 TCP 的数据包的端口为21、20，或协议名称为 FTP 或关键字为ftpdata
eq 80|http|www
//限定使用 TCP 的数据包的端口为80，或协议名称为http或关键字为www
```

3. 扩展 ACL 命令实例分析

下面对 Router(config)# access-list 101 deny tcp 172.16.3.0 0.0.0.255 host 172.16.4.110 eq 21 语句进行详细分析。

（1）101：ACL 表号，表示为扩展 ACL。

（2）deny：说明匹配所选参数的流量会被禁止。

（3）tcp：指出 IP 头部协议字段是 TCP。

（4）172.16.3.0 0.0.0.255：源 IP 地址通配符，前 3 个八位字节必须匹配，而不必关心最后的八位字节。

（5）host 172.16.4.110：目的 IP 地址通配符，IP 地址的所有位必须匹配。

（6）eq 21：21 是众所周知的 FTP 端口号。

4.3.4　访问控制列表的规划与部署

下面通过一个具体的实例来讨论访问控制列表的规划与部署步骤，规划的网络拓扑结构如图 4-20 所示，网络安全策略是禁止源主机 HOST1 和目标主机 HOST2 之间的通信。

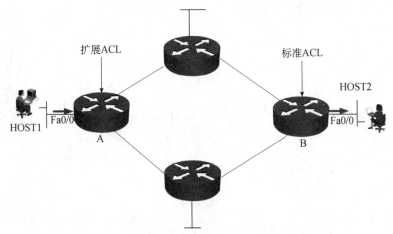

图 4-20　ACL 的规划的网络拓扑结构

1. 位置与方向

首先根据安全策略分析是采用标准的 ACL 还是扩展的 ACL，如果采用标准的 ACL，应将其部署在离目标网络最近的那台路由器的出接口方向上，以免它们无意中丢弃不应丢弃的数据包。本例中，将标准 ACL 部署在路由器 B 的 Fa0/0 接口的出口方向上，如部署在路由器 A 的 Fa0/0 接口的入口方向上，虽然也能实现这一安全策略，但是也阻止了 HOST1 访问其他主机，和安全策略不一致。如果使用扩展的 ACL，应将其部署在离数据源最近的路由器的入口方向上，以避免浪费过多带宽资源。本例中，将扩展 ACL 部署在路由器 A 的 Fa0/0 接口的入口方向上，如部署在路由器 B 的 Fa0/0 接口的出口方向上，虽然也实现了制定的安全策略，但是浪费了路由器 A 与 B 之间链路的带宽资源。

需要注意的是，案例中指定的接口是物理接口，但是 ACL 也是可以应用在逻辑接口上的，如 SVI 接口等。

2. 创建 ACL

确定动作是允许还是拒绝，将影响规则中通配符掩码参数的决定。一个 ACL 中可能需要多条 ACL 语句，应使用优先匹配逻辑顺序搜索列表，将匹配最精确的语句放在 ACL 的最前面，如果数据包与任何访问列表命令都不匹配，则默认操作是拒绝（丢弃）该数据包。

3. 生效 ACL

创建好 ACL 后，在规划的接口配置模式下，执行 ip access-group number {in | out} 命令关联 ACL，使 ACL 生效。

任务实施

1. 针对具体的安全策略进行分析，决定使用何种 ACL，应用在哪个路由器的接口上，是 in 方向还是 out 方向。
2. 设计 ACL 规则表。
3. 网络基本配置。
4. 配置访问控制列表并验证测试。
5. 参加成果分享。

4.3 任务实施

任务评价

根据任务完成情况，简明扼要地填写任务评价表，并将相关截图上传。

4.3 任务评价

归纳总结

网络基础设施定义了设备为实现端到端通信而连接到一起的方式，就像有多种规模的网络一样，构建基础设施也有多种方法。但是，为了实现网络的可用性和安全性，网络行业推荐了一些标准设计。如果希望一个子网中的主机能够在整个组织网络中进行通信，则必须有一小堆服务器保护敏感数据，以及政府的隐私规则要求：不仅能通过用户名和登录名来保护访问权限，还需要有将数据包传递到受保护主机或服务器的能力。访问控制列表（ACL）为实现这些目标提供了有用的解决方案，并且可以运行在路由器或三层交换机设备上。

本任务详细分析了 ACL 的概念、分类、操作，提出了 ACL 规划建议，针对具体实例，配置相应的安全规则，达到了期望的效果。ACL 除了提供基本的安全访问控制，也是优化通信流量、区分或匹配特定的数据流类型，如 QoS、NAT、VPN 等的重要工具。

在线测试

本任务测试习题包括填空题、选择题和判断题。

4.3 在线测试

技能训练

如图 4-21 所示，完成办公网络的互连互通，实现数据交换和资源共享功能。针对办公网络中销售部和财务部两个不同的子网，实现销售部和财务部所在子网相互隔离，不能互访。实现财务部子网用户只能访问服务子网中的财务服务器，销售部子网中的用户只能在上班时间访问服务子网 Web 和 FTP 服务器，在任何时间都不能访问财务服务器，任何其他通信都是允许的。

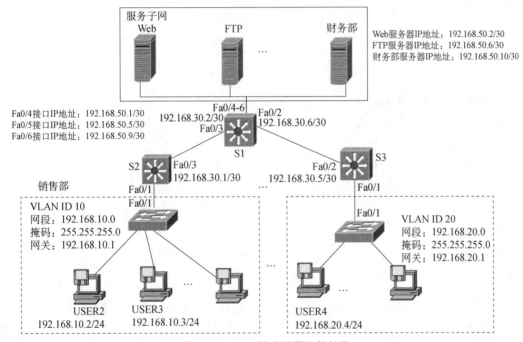

图 4-21　ACL 综合配置拓扑结构

4.4　保护企业网络的边界安全

任务场景

某组织采用如图 4-22 所示的网络拓扑结构（含 IP 地址规划），在网络出口方向上部署了一台 ASA5505 防火墙。在防火墙上规划了 inside、outside 和 DMZ 三个不同的接口，对应的安全级别为 100、0、50，使用防火墙默认的安全访问策略，这样组织内部与 Internet 之间互访的所有数据流，包括组织中的用户访问 Internet 中公网服务器的 Web 资源和公网用户访问组织的公共 Web 资源，都必须接受防火墙的检查，并根据配置的规则来允许或拒绝数据通过，达到网络边界安全访问的目的。

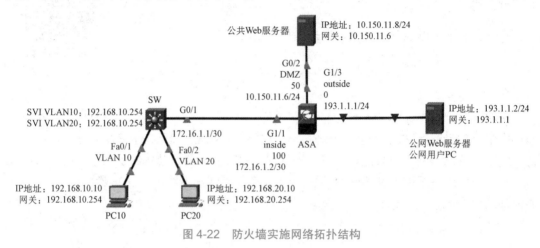

图 4-22　防火墙实施网络拓扑结构

任务布置

1. 回顾防火墙的基本概念。
2. 分析防火墙的区域划分。
3. 学习防火墙的工种模式。
4. 研究防火墙的性能指标。
5. 探究防火墙在实际网络中的应用。

知识准备

4.4.1　防火墙的基本概念

防火墙是一种高级访问控制设备，是置于不同网络安全域之间（网络的边界上）的一系列部件的组合。它是不同网络安全域之间通信流的唯一通道，能根据组织有关的安全策略控制（允许、拒绝、监视、记录）进出网络的访问行为，如图 4-23 所示。

1. 防火墙的主要功能

防火墙通常有两种基本的设计策略：允许任何服务除非被明确禁止；禁止任何服务除非被明确允许。前者的特点是好用但不安全，对用户使用的服务限制少，但可能导致对某些安全服务威胁的漏报；后者的特点是安全但不好用，能够最大限度地保护系统安全，但限制了多数的服务，不方便用户使用。防火墙的作用主要包括以下几个方面。

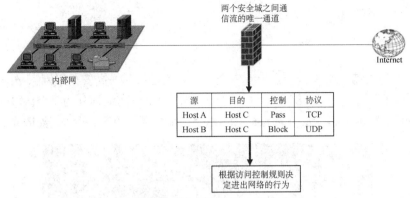

图 4-23　防火墙在网络中的位置

（1）网络安全的屏障。防火墙是数据出入网络的必经之路，它可以检测所有经过数据的细节，并根据事先定义好的策略允许或禁止这些数据通过。由于只有经过精心选择的应用协议才能通过防火墙，外部的攻击者不可能利用协议的漏洞来攻击内部网络，所以网络环境变得更加安全。

（2）强化网络安全策略。在防火墙上，可以配置口令、加密、身份认证及审计等安全软件。与网络安全系统分布式部署相比，防火墙采用集中式安全管理更为经济。例如，在访问网络时，一次性加密口令系统和其他的身份认证系统不必分散在各个主机上，而是集中在防火墙上。

（3）对网络访问进行监控审计。防火墙能够记录所有经过它的访问，并将这些访问添加到日志记录中，同时也能提供网络使用情况的统计数据。防火墙还能对可疑动作进行适当的报警，并提供网络是否受到攻击的详细信息。另外，防火墙还能收集网络使用和误用情况，为网络安全管理提供依据。

（4）防止内部信息外泄。防火墙可实现对内部网络重点网段的隔离，从而限制局部重点或敏感网络安全问题对全局网络造成的影响。防火墙可以隐藏那些透露内部细节的服务，如 Finger、DNS 等，使攻击者不能得到内部网络服务的有关信息。

2. 防火墙的局限性

防火墙只是网络安全策略的一个组成部分，而不是解决所有网络安全问题的万能方案。防火墙也有其明显的局限性，许多危险是防火墙无能为力的。

（1）防外不能防内。防火墙只能提供边界防护，并不能控制内部网络用户对内部网络滥用授权的访问。内部用户可窃取数据、破坏硬件和软件，还可巧妙地修改程序而不接近防火墙。内部用户攻击网络才是网络安全最大的威胁。

（2）不能防范绕过它的连接。防火墙可有效地检查经过它传输的数据，但不能检查绕过它传输的数据。例如，如果站点允许对防火墙后面的内部系统进行拨号访问，那么防火墙不能阻止攻击者的拨号入侵。

（3）不能防御全部威胁。防火墙能防御已知的威胁，但不能防范未知的威胁。因此，防火墙不能防御所有的威胁。

（4）不能防御恶意程序和病毒。防火墙不可能查找出所有病毒，也就不能有效地防范各类恶意代码的入侵。

4.4.2 防火墙的区域划分

一台硬件防火墙（图 4-24）最少有三个接口：内网接口（高安全级别）、外网接口（低安全级别）和非军事化区 DMZ 接口（中等安全级别）。将网络划分为三个区域——内部网络（如 LAN）、外部网络（如 Internet）和 DMZ（如放置公共服务器），如图 4-25 所示。

图 4-24　思科 ASA 5505 防火墙的前部面板与后部面板

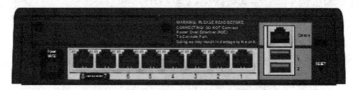

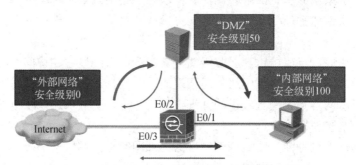

图 4-25　防火墙在网络中的部署

在默认情况下，IP 分组可以从高安全级别的接口流向低安全级别的接口（图 4-25 中细线所示方向）。为了能使 IP 分组从低安全级别接口流向高安全级别的接口（图 4-25 中粗线所示方向），如允许公网用户访问 DMZ 区的公共 Web 服务器，需要设置分组过滤器，放通该流量。

1. 外部网络

外部网络包括互联网的主机和网络设备，此区域为防火墙的不可信任区域。防火墙位于内部网络与外部网络的边界，将对外部访问内部的所有通信按预设规则进行监控、审核和过滤，不符合规则的通信将被拒绝通过，从而起到保护内网的作用。

2. DMZ

DMZ 是从内部网络中划分的一个小区域，专门放置既需被内部访问又需提供公众服务的服务器，如企业的 Web 服务器、E-mail 服务器、FTP 服务器、DNS 服务器等。此区域由于要提供对外服务，因而被保护级别设置较低。

3. 内部网络

内部网络是防火墙的保护对象，包括内部网络中的所有核心设备，如服务器、路由器、核心交换机及用户个人计算机。内部网络有可能包括不同的安全区域，具有不同等级的安全访问权限。虽然内部网络和 DMZ 都属于内部网络的一部分，但它们的安全级别或策略是不同的。

4.4.3　防火墙的工作模式

防火墙采用何种工作模式是由组织的网络环境决定的，组织需要根据自己的网络情况，合理地确定防火墙的工作模式，并且防火墙采用何种工作模式都不会影响防火墙的访问控制功能。通常防火墙有三种工作模式：路由模式、透明模式、混合模式。

1. 路由模式

防火墙位于内部网络和外部网络之间时，需要利用防火墙把内部网络、外部网络及 DMZ 三个区域相连的接口分别配置成不同网段的 IP 地址，重新规划原有的网络拓扑，此时相当于一台路由器，如图 4-26 所示。采用路由模式时，可以完成 ACL 包过滤、NAT 等功能。然而，路由模式需要对网络拓扑进行修改。

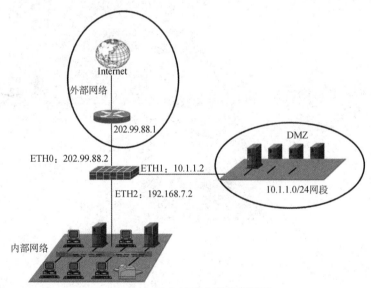

图 4-26　防火墙路由模式部署图

2. 透明模式

如图 4-27 所示，防火墙采用透明模式进行工作，只需在网络中像放置网桥（Bridge）一样插入防火墙设备即可，无须修改任何已有的配置。此时防火墙就像一台交换机一样工作。该工作模式在现网改造的时候很容易部署。

3. 混合模式

如果防火墙既存在工作在路由模式的接口（接口具有 IP 地址），又存在工作在透明模式的接口（接口无 IP 地址），则防火墙工作在混合模式下，如图 4-28 所示。这种工作模式基本上是透明模式和路由模式的混合，一般用于透明模式下提供双机热备份的特殊应用中，其他环境下不建议使用。

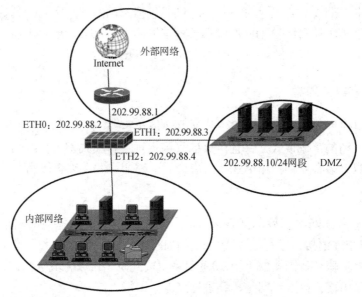

图 4-27　防火墙透明模式部署图

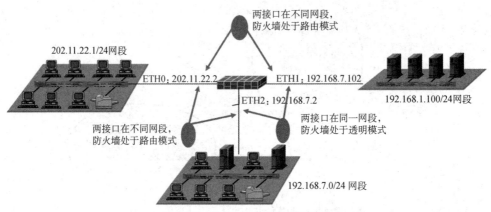

图 4-28　防火墙混合模式部署图

4.4.4　防火墙产品选型

防火墙的主要性能参数是指影响网络防火墙包处理能力的参数。在选择网络防火墙时应主要考虑网络的规模、网络的架构、网络的安全需求、在网络中的位置及网络端口的类型等要素，选择性能、功能、结构、接口、价格都最为适宜的网络安全产品。防火墙的参数主要参考以下 6 种。

1. 系统性能

防火墙系统性能参数主要是指防火墙的处理器类型及主频、内存容量、闪存容量、存储容量和类型等数据。一般而言，高端防火墙的硬件性能优越，处理器应当采用 ASIC 架构或 NP 架构，并拥有足够大的内存。

2．接口

接口数量关系到防火墙能够支持的连接方式。通常情况下，防火墙应当至少提供 3 个接口，分别用于连接内网、外网和 DMZ，其中在 DMZ 内可以放置一些必须公开的服务器设施，如 Web 服务器、FTP 服务器等。如果能够提供更多数量的端口，则还可以借助虚拟防火墙实现多网络连接。而接口速率则关系到网络防火墙所能提供的最高传输速率，为了避免可能的网络瓶颈，防火墙的接口速率应当为 1000Mb/s，甚至更高。

3．并发连接数

并发连接数是衡量防火墙性能的一个重要指标，是指防火墙或代理服务器对其业务信息流的处理能力，是防火墙能够同时处理的点对点连接的最大数目，反映出防火墙设备对多个连接的访问控制能力和连接状态跟踪能力，该参数值直接影响到防火墙所能支持的最大信息点数。一般低端防火墙的并发连接数都在 1000 个左右，而高端设备则可以达到数万甚至数十万的并发连接数。

4．吞吐量

防火墙的主要功能就是对每个网络中传输的每个数据包进行过滤，因此需要消耗大量的资源。吞吐量是指在不丢包的情况下单位时间内通过防火墙的数据包数量。防火墙作为内外网之间的唯一数据通道，如果吞吐量太小，就会成为网络瓶颈，给整个网络的传输效率带来负面影响。因此，考查防火墙的吞吐能力有助于更好地评价其性能表现，这也是测量防火墙性能的重要指标。

5．安全过滤带宽

安全过滤带宽是指防火墙在某种加密算法标准下的整体过滤功能，如 DES（56 位）算法或 3DES（168 位）算法等。一般来说，防火墙总的吞吐量越大，其对应的安全过滤带宽越高。

6．支持用户数

防火墙的用户数限制分为固定用户数限制和无用户数限制两种。前者如 SOHO 型防火墙，一般支持几十到几百个用户不等，而无用户数限制大多用于大的部门或公司。这里的用户数量和前面介绍的并发连接数是不相同的，并发连接数是指防火墙的最大会话数（或进程），而每个用户可以在一个时间里产生很多的连接。

在考虑防火墙产品选型的时候，应更多地从组织网络安全现状和需求出发，并结合防火墙性能指标来选型，特别是某些用户的系统为涉密系统，因此只能选择国产产品。通常防火墙支持外部攻击防范、内网安全、流量监控、网页过滤、邮件过滤等功能，能够有效地保证网络的安全；采用状态检测技术，可对连接状态过程和异常命令进行检测；提供多种智能分析和管理手段，支持邮件告警，支持多种日志，提供网络管理监控，协助网络管理员完成网络的安全管理；支持 AAA、NAT 等技术，可以确保在开放的 Internet 上实现安全的、满足可靠质量要求的网络应用；支持多种 VPN 业务，如 L2TP VPN、IPsec VPN、GRE VPN、动态 VPN 等，可以构建 Internet、Intranet、Remote Access 等多种形式的 VPN，支持 RIP/OSPF 路由策略；支持丰富的 QoS 特性，提供流量监管、流量整形及多种队列调度策略。

4.4.5　防火墙的应用场景

在部署防火墙时，通常采用单防火墙 DMZ 网络结构、双防火墙 DMZ 网络结构和基于区域的策略防火墙等。

1. 单防火墙 DMZ 网络结构设计

单防火墙 DMZ 结构将网络划分为 3 个区域，内网（LAN）、外网（Internet）和 DMZ。DMZ 是外网与内网之间附加的一个安全区域，这个安全区域也称为屏蔽子网、过滤子网等。这种网络结构构建成本低，多用于小型企业网络设计，如图 4-29 所示。

图 4-29　单防火墙 DMZ 网络结构

想一想

在图 4-30 中，可将防火墙放在路由器的前方或后方，请说出这两种部署方式有什么区别？

2. 双防火墙 DMZ 网络结构设计

如图 4-30 所示，防火墙通常与边界路由器协同工作，边界路由器是网络安全的第一道屏障。通常的方法是在路由器中设置数据包过滤和 NAT 功能，让防火墙完成特定的端口阻塞和数据包检查，这样在整体上提高了网络性能。

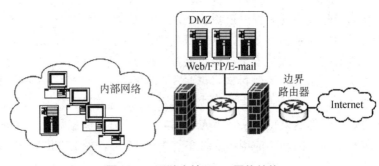

图 4-30　双防火墙 DMZ 网络结构

3. 基于区域的策略防火墙

区域是具有类似功能或特性的一个或多个接口的组，是应用防火墙策略的最小单位。ZFW（Zone-Based Policy Firewall）是一种基于区域的防火墙。默认情况下，区域之间的通信采用丢弃策略，同区域内主机之间可以自由互访，所以区域之间的通信必须配置相应的策略允许某些数据的通过。如果要实现不同接口之间的通信，只需要把这些接口划入同一个区域，它们之间就可以任意互访了，因此使用区域概念可以提供额外的灵活性，如图4-31所示。

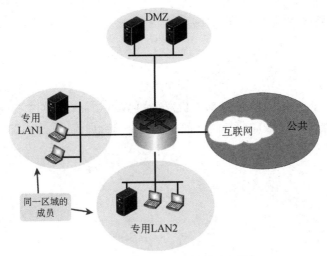

图 4-31　基于区域的策略防火墙

任务实施

1. 网络安全需求分析。
2. 基本网络配置。
3. 防火墙基本配置。
4. 路由配置。
5. NAT 配置。
6. 防火墙安全策略配置。
7. 参加任务结果分享。

4.4 任务实施

任务评价

根据任务完成情况，简明扼要地填写任务评价表，并将相关截图上传。

4.4 任务评价

归纳总结

防火墙作为网络防护的第一道防线，它由软件或硬件设备组合而成，位于组织或网络群体计算机与外界通道（Internet）的边界，限制着外界用户对内部网络的访问及管理内部用户访问外界网络的权限。防火墙是一种必不可少的安全增强点，将不可信网络同可信任网络隔离开。防火墙筛选两个网络间所有的连接，决定哪些传输应该被允许、哪些应该被禁止，这取决于网络制定的某一形式的安全策略。

在线测试

本任务测试习题包括填空题、选择题和判断题。

4.4 在线测试

技能训练

假设网络策略安全规则确定：外部主机发来的 Web 访问在内部主机 192.168.1.3 中被接收；拒绝从 IP 地址为 219.220.224.2 的外部主机发来的数据流；允许内部主机访问外部 Web 站点。请设计一个包过滤规则表。

4.5 检测网络入侵和防御网络入侵

任务场景

如图 4-32 所示的网络拓扑结构，在路由器 R1 接口 Fa0/0 的输出方向设置入侵检测机制，一旦检测到终端 C 发送给终端 A 的 ICMP ECHO 请求报文，则丢弃该请求报文，并向日志服务器发送警告信息。启动该入侵规则后，如果终端 C 发起 ping 终端 A 的操作，则 ping 操作不仅无法完成，还会在日志服务器中记录警告信息，而其他终端之间的 ping 操作依然能够完成。

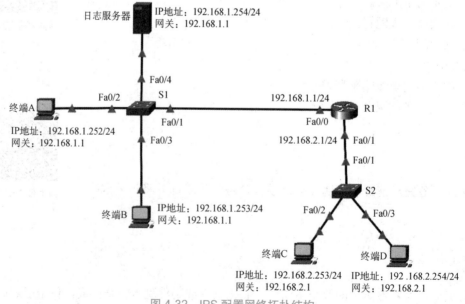

图 4-32　IPS 配置网络拓扑结构

任务布置

1. 回顾静态路由、动态路由的基本概念。
2. 探究静态路由的应用场合和规划方法。
3. 研究动态路由的应用场合和规划要点。

知识准备

4.5.1　入侵检测系统与防御系统的概念

网络要抵御快速演变的各类攻击，就需要具有有效检测和防御的系统设备，如 IDS 或 IPS，通常将这类系统设备部署到网络的入口点和出口点。IDS 和 IPS 技术使用签名来检测网络流量中的滥用模式。签名是 IDS 或 IPS 用来检测恶意活动的一组规则。签名可用于检测严重的安全漏洞、检测常见的网络攻击和收集信息。IDS 和 IPS 技术均部署为传感器，可以检测原子签名模式（单数据包）或组合签名模式（多数据包）。

1. IDS 的优点和缺点

IDS 的主要优点是在离线模式下部署。因为 IDS 传感器不是以在线方式部署的，所以它对网络性能没有影响。它不会带来延迟、抖动或其他流量传输问题。此外，即使传感器出现故障也不会影响网络功能，只影响 IDS 分析数据的能力。

但是，部署 IDS 也有许多缺点。IDS 传感器主要侧重于识别可能发生的事件、记录事件的相关信息及报告事件，无法停止触发数据包，并且不能保证停止连接。另外，IDS 传感器不是以在线方式部署的，因此实施 IDS 更容易受到采用各种网络攻击方法的网络安全规避技术的影响。

2. IPS 的优点和缺点

IPS 的优点在于可以配置为执行数据包丢弃，以停止触发数据包、与连接关联的数据包或来自源 IP 地址的数据包。此外，由于 IPS 传感器是以在线方式部署的，因此可以使用流规范化（一种用于在多个数据段发生攻击时重建数据流的技术）。

IPS 的缺点在于发生错误、故障或者 IPS 传感器的流量过多都会对网络性能造成负面影响。IPS 传感器通过引入延迟和抖动来影响网络性能。IPS 传感器的尺寸和实施方式必须适当，才能保证时间敏感的应用（如 VoIP）不会受到负面影响。

4.5.2　入侵检测系统的工作过程

从入侵检测的定义可以看出，入侵检测的一般过程是：信息收集、信息（数据）预处理、数据的检测分析、根据安全策略做出响应，如图 4-33 所示。

在图 4-33 中，信息源是指包含最原始的入侵行为信息的数据，主要是网络、系统的审计数据或原始的网络数据包。数据预处理是指对收集到的数据进行预处理，将其转化为检测模型所接受的数据格式，也包括对冗余信息的去除（即数据简约），这是入侵检测研究领域的关键，也是难点之一。检测模型是指根据各种检测算法建立起来的检测分析模型，它的输入一般是经过数据预处理后的数据，输出为对数据属性的判断结果，数据属性一般是针对数据中包含的入侵信息（包含非法字段值，与已知攻击特征匹配等）的断言。如果判断结果属于入侵行为，则记录相关证据，并启动相应安全策略，如通知防火墙断开连接或发出警告等；如果不是入侵行为，则继续对行为数据进行提取分析。

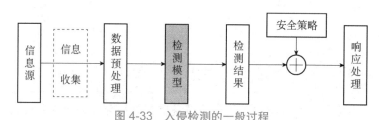

图 4-33　入侵检测的一般过程

4.5.3　入侵防护系统的工作过程

图 4-34 为 IPS 的工作原理示意图。IPS 直接嵌入网络流量中对数据流进行检测，它通过一个网络端口接收网络上传输的流量。所有流经 IPS 的数据包都被分类，分类的依据是数据包中的报头信息，如源 IP 地址和目的 IP 地址、端口号和协议等。针对不同的攻击行为，IPS 有不同的过滤器，每种过滤器负责分析对应的数据包。IPS 过滤器引擎集合了流水和大规模并行处理硬件，能够同时执行数千次的数据包过滤检查。并行过滤处理可以确保数据包能够不间断地快速通过系统，不会对网络性能造成影响。IPS 通过深层检查数据包的内容，如果符合匹配要求，称为命中数据包，也就是异常数据包，将在 IPS 设备中被删除掉；如果为正常的数据包，则更新与之相应的流状态信息，并通过另外一个端口传送出去。

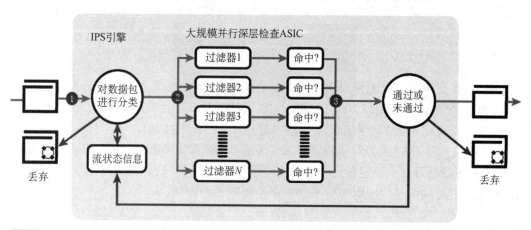

❶ 根据报头和流信息，每个数据包都会被分类

❷ 根据数据包的分类，相关的过滤器将被用于检查数据包的流状态信息

❸ 所有相关过滤器都是并行使用的，如果任何数据包符合匹配要求，则该数据包将被标记为命中

❹ 被标记命中的数据包将被丢弃，与之相关的流状态信息也会更新，指示系统丢弃该流中删除的所有内容

图 4-34　IPS 工作原理示意图

4.5.4 入侵检测与防御系统的部署

有两种基于主机的 IDS 和 IPS 及基于网络的 IDS 和 IPS，这需要根据组织的网络安全策略中所述的安全目标来决定采用哪一种实施方式。

1. IDS 的部署策略

IDS 一般旁路连接在网络中的各个关键位置，如图 4-35 所示。

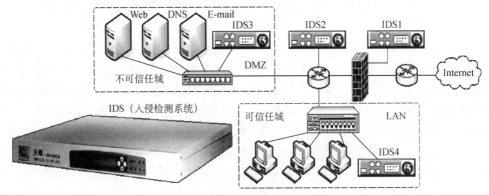

图 4-35　IDS 在网络中的位置

（1）IDS 安装在网络边界区域。IDS 非常适合安装在网络边界处，如防火墙的两端及到其他网络连接处。如果 IDS 与路由器并联安装，则可以实时监测进入内部网络的数据包，但是这个位置的带宽很高，IDS 性能必须能跟上通信流的速度。

（2）IDS 安装在服务器群区域。对于流量速度不是很高的应用服务器，安装 IDS 是非常好的选择；对于流量速度高，而且特别重要的服务器，可以考虑安装专用 IDS 进行监测。DMZ 往往是遭受攻击最多的区域，在此部署一台 IDS 非常必要。

（3）IDS 安装在网络主机区域。可以将 IDS 安装在主机区域，从而监测位于同一交换机上的其他主机是否存在攻击现象。例如，将 IDS 部署在内部各个网段，可以监测来自内部的网络攻击行为。

（4）IDS 安装在网络核心层。网络核心层带宽非常高，不适宜布置 IDS。

2. IPS 的部署策略

IPS 不但能够检测入侵的发生，而且还能实时终止入侵行为。IPS 在网络中采用串接式连接。串接工作模式保证所有网络数据都必须经过 IPS 设备，IPS 检测数据流中的恶意代码，核对策略，在未转发到服务器之前阻截信息包或数据流。IPS 是网关型设备，最好串接在网络的出口处。IPS 经常部署在网关出口的防火墙和路由器之间，监控和保护内部网络，如图 4-36 所示。

部署 IDS 和 IPS 时，使用其中一种技术并不否定另一种技术的使用。事实上，IDS 技术和 IPS 技术可以互为补充。例如，可以实施 IDS 来验证 IPS 的运行，因为配置 IDS 可以通过离线方式进行更加深入的数据包检测，这使 IPS 可以专注于更少但更关键的在线流量模式。

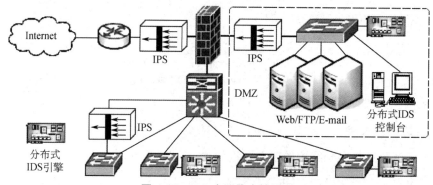

图 4-36 IPS 在网络中的位置

IPS 可以阻断认为是攻击的流量，但不应该阻断合法的数据流量，只是阻断确认为攻击的流量，这需要进行调整以免网络连接中断。而 IDS 可以对 IPS 进行有效的补充，可以检测 IPS 是否工作，除正常流量外，认为其他流量是可疑流量并进行报警，可以对 IPS 没有阻止但可能是攻击的数据流量进行标识。

IDS 侧重于全面检测、记录与警报，而 IPS 则更擅长深层防御与精确阻断。从应用角度来看，低风险企业往往关注风险控制，对检测、监控和风险管理要求不高，此类企业选择 IPS 产品即可；金融、电信等高风险行业，不仅关注风险控制，还关注风险管理，这样的企业既需要 IDS，也需要 IPS；对于一些监管机构/部门来说，往往更关注风险管理的检测与监控，监督风险控制的改进状况，因此 IDS 是比较合适的产品。各行业客户不同的应用环境和实际需求使得 IDS 和 IPS 在国内都呈现出繁荣发展的前景，因此两者之间的关系并非简单的升级和替代。长期来看，IDS 和 IPS 将出现共同发展、和平共存的局面。

4.5.5　混合技术解决方案

未来将是混合技术的天下，在网络边缘和核心层进行检测，遍布在网络上的传感设备和矫正控制的通力协作将是安全应用的主流。全局性的检测可提高准确率，但是使检测过程变长，局部反应速度过慢。因此，面对一些局部事件，要相当准确地判断出问题所在而阻断风险不大时，IPS 当之无愧地成为首选产品；而需要全面检测和事后分析时，则非 IDS 莫属。根据客户需求将两者统一部署，使其相辅相成，不失为一个优秀的解决方案。图 4-37 给出了一个高可用性 IPS、IDS 与防火墙综合的入侵防御解决方案。

该方案的特点是：网络主干线的 IPS 和防火墙均采用双机动态热备份部署，确保任何单机故障均不会影响主干网的畅通；将高端 IPS 串接于路由器与防火墙之间，利用 IPS 能够快速终结 DoS 与 DDoS、未知的蠕虫、异常应用程序流量攻击所造成的网络断线，实现网络架构防护机制，保护防火墙和核心交换机等网络设备免遭入侵和攻击；信息中心和业务服务器的子交换机前分别部署一台中级 IPS，可以有效地阻断来自内部和外部对于公共访问和关键业务服务器群的攻击；在各子网的分交换机端口部署分布式 IDS 的网络引擎，对各子网的通信进行实时监听，发现攻击或者误操作立即报告其中心控制台，向系统管理员发出警报，并且做好时间记录和报告，以便进行事件分析。

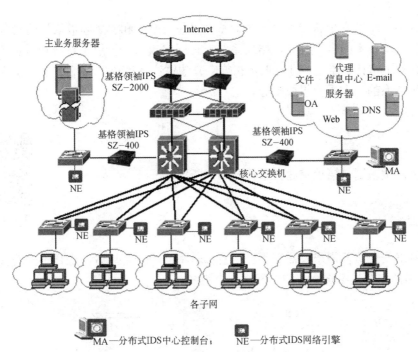

图 4-37　一个高可用性 IPS、IDS 与防火墙综合的入侵防御解决方案

任务实施

1. 网络基本配置。
2. 确定特征库的存储位置。
3. 制定入侵检测规则。
4. 开启日志功能。
5. 配置每一类特征。
6. 定义扩展分组过滤器。
7. 将规则应用到路由器接口。
8. 重新定义特征。
9. 配置结果验证。
10. 参加任务结果分享。

4.5 任务实施

任务评价

根据任务完成情况，简明扼要地填写任务评价表，并将相关截图
上传。

4.5 任务评价

归纳总结

入侵检测系统（IDS）与入侵防御系统（IPS）作为动态安全技术的核心技术之一，通

过了解和评估系统的安全状态，将系统调整到"最安全"和"风险最低"的状态。IDS 和 IPS 也是防火墙技术的合理补充，帮助系统对付网络攻击，扩展了系统管理员的安全管理能力（包括安全审计、监视、进攻识别和响应），提高了网络安全基础结构的完整性，是网络安全防御体系的一个重要组成部分。

在线测试

本任务测试习题包括填空题、选择题和判断题。

4.5 在线测试

技能训练

根据网络安全防范需求，需在不同位置部署不同的安全设备，进行不同的安全防范，为图 4-38 中的安全设备选择相应的网络安全设备。

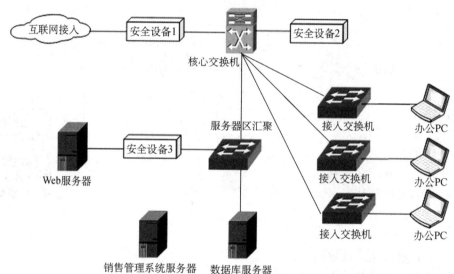

图 4-38　IDS/IPS 部署图

（1）在安全设备 1 处部署（　　），在安全设备 2 处部署（　　），在安全设备 3 处部署（　　）。

A. 防火墙　　　　　B. 入侵检测系统（IDS）　　　C. 入侵防御系统（IPS）

（2）在网络中需要加入如下安全防范措施（　　）。

A. 访问控制　　　　　　　　　　B. NAT

C. 上网行为审计　　　　　　　　D. 包检测分析

E. 数据库审计　　　　　　　　　F. DDoS 攻击检测和阻止

G. 服务器负载均衡　　　　　　　H. 异常流量阻断

I. 漏洞扫描　　　　　　　　　　J. Web 应用防护

其中，在防火墙上可部署的防范措施有（　　）；在 IDS 上可部署的防范措施有（　　）；在 IPS 上可部署的防范措施有（　　）。结合图 4-38，请简要说明入侵防御系统（IPS）的优点和缺点。

4.6　提高企业内网数据传输的安全

任务场景

　　如图 4-39 所示的网络拓扑结构中详细规划了 IP 地址及 VLAN，在总部和分部的网络出口分别部署了一台 ASA5505 防火墙，提供 NAT 功能，使总部用户能够访问 Internet 中公网服务器资源；同时提供 IPSec VPN 功能，实现总部用户 PC1 和分部用户之间安全互访；公网用户能够访问 DMZ 的公共服务器或通过 SSL VPN 访问内部服务器的资源。

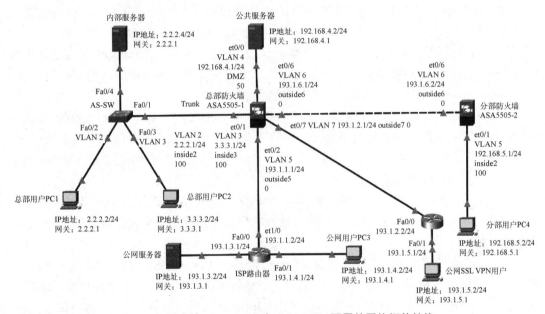

图 4-39　防火墙 IPsec VPN 与 SSL VPN 配置的网络拓扑结构

任务布置

1. 回顾 VPN 基本概念。
2. 探究 GRE VPN 的应用场合和规划方法。
3. 研究 IPsec VPN 的应用场合和规划方法。
4. 研究 SSL VPN 的应用场合和规划方法。

知识准备

4.6.1　VPN 的概念

　　VPN 是在两个网络实体之间建立的一种受保护连接，这两个实体可以通过点到点的链路直接相连，但通常情况下它们的距离相隔较远。Virtual Private Network 中的"Virtual"一词意为"虚拟的"，通过隧道（Tunnel）技术使用不同的封装协议对原始数据包进行重新封装来实现；"Private"一词意为"专用的"，通过安全（Security）机制对原始数据包进行加密等来实现；"Network"一词意为"网络"，通常指组织机构所使用的 Remote Access、Intranet、Extranet 等类型的网络。VPN 的种类和标准非常多，这些种类和标准是在 VPN 的发展过程中产生的。用户为了适应不同的网络环境和安全要求，可以选择适合自己的 VPN，因此，先认识常见 VPN 使用的封装协议类型是非常必要的。

1. 按隧道协议分类

VPN 按隧道协议分类可以分为以下 6 种。

（1）点到点隧道协议。点到点隧道协议（Point to Point Tunneling Protocol，PPTP）是由微软公司开发的。PPTP 包含了 PPP 和 MPPE（Microsoft Point-to-Point Encryption，微软点对点加密）协议两个协议，其中 PPP 用来封装数据，MPPE 协议用来加密数据。

（2）第二层隧道协议。第二层隧道协议（Layer 2 Tunneling Protocol，L2TP）是由 Microsoft、Cisco、3COM 等厂商共同制定的，主要是为了解决兼容性的问题。PPTP 只有工作在纯 Windows 的网络环境中时才可以发挥所有的功能。

（3）通用路由封装协议。通用路由封装（Generic Routing Encapsulation，GRE）协议是由 Cisco 公司开发的。GRE 协议不是一个完整的 VPN 协议，因为它不能完成数据的加密、身份认证、数据报文完整性校验等功能，在使用 GRE 技术的企业网中，经常会结合 IPsec 使用，以弥补其安全性方面的不足。

（4）IP 安全协议。IP 安全（IP Security，IPsec）协议是现今企业使用最广泛的 VPN 协议，它工作在第三层。IPsec 协议是一个开放性的协议，各网络产品制造商都会对 IPsec 协议进行支持。

（5）安全套接层协议。安全套接层（Secure Sockets Layer，SSL）协议是网景公司基于 Web 应用提出的一种安全通道协议，它具有保护传输数据和识别通信机器的功能。SSL 协议主要采用公开密钥体系和 X509 数字证书，在 Internet 上提供服务器认证、客户认证、SSL 链路上数据保密性的安全性保证，被广泛用于 Web 浏览器与服务器之间的身份认证。

（6）多协议标签交换协议。多协议标签交换（Multi-Protocol Label Switching，MPLS）协议是一种用于快速数据包交换和路由的体系，它为网络数据流量提供了路由、转发和交换等能力，更特殊的是，它具有管理各种不同形式通信流的机制。

2. 按应用领域分类

由 VPN 的定义可以知道，VPN 为远程站点、远程用户和总部站点之间所提供的安全是通过实施加密协议（如 IPsec 协议和 SSL 协议等）实现的，因此，按照 VPN 的应用领域，VPN 技术可以划分为如下两类。

（1）站点到站点 VPN。站点到站点 VPN 是在 VPN 网关之间保护两个或更多的站点之间的流量，站点间的流量通常是指局域网之间（L2L）的通信流量。L2L VPN 多用于总公司与分公司、分公司之间在公网上传输重要业务数据。如图 4-40 所示，对于两个局域网的终端用户来说，VPN 网关中间的网络是透明的，就好像通过一台路由器连接的两个局域网。总公司的终端设备通过 VPN 连接访问分公司的网络资源，数据包封装的 IP 地址都是公司内网地址（一般为私有地址），对数据包进行的再次封装过程，客户端是全然不知的。

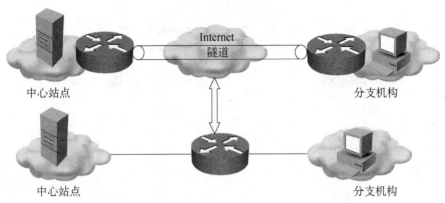

图 4-40　站点到站点 VPN

（2）远程访问 VPN。远程访问 VPN 通常用于单用户设备与 VPN 网关之间的通信链接，单用户设备一般为一台 PC 或智能终端设备等。如图 4-41 所示，当远端的移动用户与总公司的网络实现远程访问 VPN 连接后，就好像成为总公司局域网中一个普通用户，不仅可以使用总公司网段内的 IP 地址访问公司资源，而且因为其使用隧道模式，真实的 IP 地址被隐藏起来，实际公网通信的一段链路对于远端移动用户而言就像是透明的。

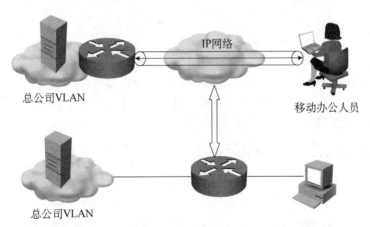

图 4-41　远程访问 VPN

4.6.2　VPN 的连接模式

VPN 技术有两种基本的连接模式：传输模式和隧道模式。这两种模式实际上定义了两台实体设备之间传输数据时所采用的不同封装过程。

1. 传输模式

如图 4-42 所示，传输模式一个最显著的特点就是：在整个 VPN 的传输过程中，IP 包头并没有被封装进去，这就意味着从源端到目的端数据始终使用原有的 IP 地址进行通信，而传输的实际数据载荷被封装在 VPN 报文中。对于大多数 VPN 传输而言，VPN 的报文封装过程就是数据的加密过程，因此，攻击者截获数据后将无法破解数据内容，但可以清晰地知道通信双方的地址信息。

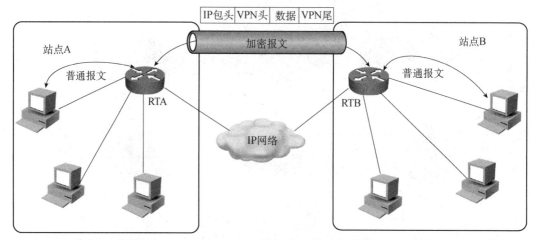

图 4-42 传输模式

由于传输模式封装结构相对简单（每个数据报文较隧道模式封装结构节省 20 个字节），因此传输效率较高，多用于通信双方在同一个局域网内的情况。例如，网络管理员通过网管主机登录公司内网的服务器进行维护管理，就可以选用传输模式的 VPN 对其管理的流量进行加密。

2. 隧道模式

如图 4-43 所示，隧道模式与传输模式的区别显而易见，VPN 设备将整个三层数据报文封装在 VPN 数据内，再为封装后的数据报文添加新 IP 包头。由于新 IP 包头中封装的是 VPN 设备的 IP 地址信息，所以当攻击者截获数据后，不但无法了解实际载荷数据的内容，也无法知道实际通信双方的地址信息。

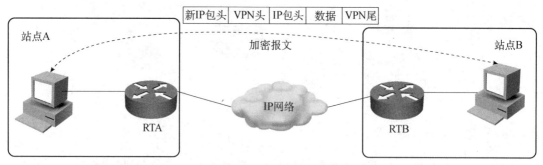

图 4-43 隧道模式

隧道模式的 VPN 在安全性和灵活性方面具有很大的优势，因此在企业环境中应用十分广泛，如总公司和分公司跨广域网的通信，移动用户在公网访问公司内部资源等场景下都会应用隧道模式的 VPN 对数据传输进行加密。

4.6.3　GRE VPN 的应用场景

GRE VPN 技术主要用在内部网络的数据需要通过公共网络来传输，扩大包含跳数受限协议（如 RIP）的网络工作范围，将一些不连续的子网连接起来等技术领域。GRE 隧道在构建时使用了公网 IP 地址和私有 IP 地址，但是每一个运行 GRE 的路由器只有一个路由表，因此公网与私网之间只能通过不同的路由策略来加以区分。在实际部署 GRE VPN 时，对隧道端点的路由器来说有如下要求。

1. GRE VPN 的部署

（1）其连接到 IP 私网的物理接口和 Tunnel 0 接口属于私网路由域（图 4-44），它们采用一致的私网路由策略。

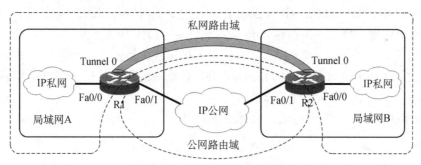

图 4-44　地址空间与路由配置

（2）其连接到公网的物理接口属于公网路由域，它必须与公网使用一致的路由策略。

企业连接到 IP 公网的边缘路由器（R1 或 R2）通常从 IP 公网获得一个公网路由，以保证隧道两端路由器物理接口的可达性。而为私网转发数据的 Tunnel 0 接口，则可以使用静态路由或任何动态路由协议获知对方站点的私网路由。

①静态路由配置。需要手工配置到达目的 IP 私网（不是 Tunnel 的目的地，而是未进行 GRE 封装的报文的目的网段）的路由，下一跳是对端 Tunnel 接口的 IP 地址。

②动态路由配置。需将隧道和 IP 私网作为一个私网路由域对待，在 IP 私网接口和 Tunnel 0 接口上启用相应的路由协议。例如，如果图 4-44 所示的 IP 私网要求运行 OSPF 协议，则应对 R1 和 R2 的 Tunnel 0 接口均运行 OSPF 协议，保证 R1 和 R2 相互学习到对方站点的私网路由。

2. GRE VPN 的配置举例

使用 GRE VPN 的目的是搭建点到点 VPN，即将用户的两个或多个局域网使用现有的 Internet 出口，通过 Internet 搭建广域网。为了加深读者对 GRE 隧道技术的理解，下面以一个具体实例来说明 GRE VPN 的配置过程。

（1）拓扑设计。假设一个企业的总部和分支机构之间要通过 GRE VPN 实现广域网互联，如图 4-45 所示。路由器 R1 为总部的 Internet 出口设备，路由器 R2 为分支机构的 Internet 出口设备，路由器 Internet 用来模拟国际互联网。在路由器 R1 和 R2 上创建 GRE 隧道接口，并分别使用静态路由和 OSPF 动态路由协议实现内部网络互联。

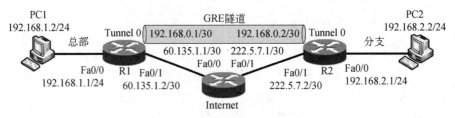

图 4-45　GRE VPN 配置拓扑图

（2）IP 地址规划。GRE VPN 的 IP 地址规划涉及私网 IP 地址和公网 IP 地址规划，具体规划结果如图 4-45 所示。其中，192.168.1.0/24、192.168.2.0/24 和 192.168.0.1/30 属于私网 IP 地址空间，60.135.1.0/30 和 222.5.7.0/30 属于公网 IP 地址空间。

（3）配置接口 IP 地址。按照图 4-45 中的 IP 地址规划，为路由器 R1、R2、Internet 的物理接口配置 IP 地址，为 PC1 和 PC2 配置 IP 地址、子网掩码和默认网关。该步骤完成后，确保在网络中任何一台设备上能够 ping 通对端设备接口的 IP 地址。

（4）配置公网路由。要使 GRE VPN 正常工作，前提是公网必须连通。图 4-45 中路由器 R1 和 R2 的 Fa0/1 接口都连接到 Internet，ISP 必须保证路由器 R1 和 R2 能够各自访问到对方的 Fa0/1 接口所配置的公网 IP 地址。

①配置路由器 R1 的公网路由。执行如下命令：

```
R1(config)#ip route 0.0.0.0 0.0.0.0 60.135.1.1
```

②配置路由器 R2 的公网路由。执行如下命令：

```
R2(config)#ip route 0.0.0.0 0.0.0.0 222.5.7.1
```

③配置路由器 Internet 的公网路由。因为路由器 Internet 的路由表中已经有本拓扑中的所有公网地址段，所以不需要为它配置任何静态路由或动态路由协议。

④测试公网连通性。使用 ping 测试路由器 R1 与 R2 之间的公网地址连通性。

（5）配置 GRE 隧道。

①配置路由器 R1 的 GRE 隧道。执行如下命令：

```
R1(config)#interface tunnel 0          //创建隧道接口，该接口只要求本地唯一
R1(config-if)#tunnel mode gre ip       //指定隧道的封装为 GRE（默认封装）
R1(config-if)#tunnel source fastethernet 0/1//指定隧道的实际物理出接口（隧道源）
R1(config-if)#tunnel destination 222.5.7.2  //指定隧道的目的 IP 地址
*Mar 1 00:19:18.699: %LINEPROTO-5-UPDOWN: Line protocol on Interface Tunnel0,
changed state to up
```

配置了隧道目的 IP 地址后，只要隧道的物理出接口（Fa0/1）UP，隧道口的数据链路层协议状态即为 UP。执行如下命令：

```
R1(config-if)#ip address 192.168.0.1 255.255.255.252
R1(config-if)#keepalive     //允许路由器探测隧道的实际工作情况
*Mar 1 00:21:17.939: %LINEPROTO-5-UPDOWN: Line protocol on Interface Tunnel0,
changed state to down
```

由于隧道的对端路由器 R2 还未配置 GRE 隧道，所以在启用隧道接口的 Keepalive（保持激活）特性后，隧道的数据链路层协议 down 了。

②配置路由器 R2 的 GRE 隧道。执行如下命令：

```
R2(config)#interface tunnel 0
R2(config-if)#tunnel source fastethernet 0/1
R2(config-if)#tunnel destination 60.135.1.2
R2(config-if)#ip address 192.168.0.2 255.255.255.252
R2(config-if)#keepalive
```

将路由器 R2 的 GRE 隧道配置好后，路由器 R1 的隧道口链路层协议就转变为 UP 了。

（6）配置私网路由（使用静态路由）。建立 GRE 隧道后，总部和分支机构之间的私网数据就可以通过隧道接口传输了。首先，使用静态路由实现内部网络互通。

①配置路由器 R1 的私网路由。执行如下命令：

```
R1(config)#ip route 192.168.2.0 255.255.255.0 tunnel 0
```

②配置路由器 R2 的私网路由。执行如下命令：

```
R2(config)#ip route 192.168.1.0 255.255.255.0 192.168.0.1
```

因为隧道口的数据流量最终要通过物理接口向外发送，所以在配置静态路由时，使用本地出接口或下一跳 IP 地址这两种方式都是可以的。

（7）配置私网路由（使用 OSPF 动态路由协议）。GRE 隧道既支持传输单播数据，也支持传输组播数据，因此可以使用 OSPF 这样的动态路由协议，通过 GRE 隧道互联两个局域网。

①删除路由器 R1 和 R2 的静态路由。执行如下命令：

```
R1(config)#no ip route 192.168.2.0 255.255.255.0
R2(config)#no ip route 192.168.1.0 255.255.255.0
```

②配置路由器 R1 的私网路由。执行如下命令：

```
R1(config)#router ospf 1
R1(config-router)#network 192.168.1.0 0.0.0.255 area 0
R1(config-router)#network 192.168.0.0 0.0.0.255 area 0
```

③配置路由器 R2 的私网路由。执行如下命令：

```
R2(config)#router ospf 1
R2(config-router)#network 192.168.0.0 0.0.0.255 area 0
R2(config-router)#network 192.168.2.0 0.0.0.255 area 0
*Mar  1 00:45:45.195: %OSPF-5-ADJCHG: Process 1, Nbr 192.168.1.1 on Tunnel0
from LOADING to FULL, Loading Done
```

路由器 R2 通过 Tunnel 0 接口与路由器 R1 建立了 OSPF 邻接关系。

（8）测试 GRE VPN 网络连通性并进行数据包分析。

测试网络连通性：从 PC1 来 ping PC2，测试 GRE VPN 网络的连通性。执行如下命令：

```
PC1> ping 192.168.2.2
192.168.2.2 icmp_seq=1 ttl=62 time=109.200 ms
```

（省略其他输出内容）

4.6.4　IPsec VPN 的应用场景

传统的安全技术（如 HTTPS）和一些无线安全技术（如 WEP/WPA）都使用特定的加密算法和散列函数。与之相反，IPsec 的使用已有很长一段时间了，它的成功之处在于，IPsec 没有与任何一个协议或一组协议绑定在一起。IPsec 的目标也非常简单，即提供数据机密性、完整性、源认证和反重放保护，它可以对经由 VPN 隧道的数据实施这些保护功能。

1. IPsec VPN 的部署

IPsec VPN 的应用范围非常有限，主要应用在点到点、站点之间安全传输数据和安全远程访问（需要预先安装和配置 IPsec VPN 客户端软件）等技术领域。在进行 IPsec VPN 部署时，需要考虑如下问题。

（1）选择合适的安全策略。IPsec 能够执行加密、认证、防篡改和防重放等操作，支持 AH 或 ESP 封装方法，采用传输或隧道运行模式。因此，在部署 IPsec VPN 时，首先根据用户需求合理选择 IKE 协商阶段的安全策略。

（2）选择合适的路由协议。IPsec VPN 要能正常运行，首先 VPN 网关能够正常连接到 Internet，同时需要验证 VPN 网关之间能够相互访问。IPsec 隧道使用的地址是公网 IP 地址，可以想象 VPN 网关之间的 IP 地址不可能在同一网段，要建立动态路由协议邻居关系的可能性很低。IPsec 建立的隧道是逻辑隧道，没有点到点的连接功能。因此，IPsec 隧道只支持单播，不支持组播或广播，动态路由协议的流量不可能穿越 IPsec 隧道。在部署 IPsec VPN 时使用静态路由协议，通常的做法是在 VPN 网关配置一条指向 Internet 的默认路由。

（3）选择合适的运行模式。当 IPsec 不需要实现隧道功能，只是实现保护数据安全的功能时，可以使用传输模式。当 IPsec 工作在此模式时，IPsec 报文头部被加在原始 IP 报文头部与上层协议之间，原始 IP 报文头部在传输过程中也是可见的。正因为如此，数据报文无法通过 Internet 传输到另一端，也就是缺乏对 NAT 的支持。

通过 Internet 互访的两个网络之间，都希望通过私有 IP 地址来通信，但是私有 IP 地址到达公网后就被丢弃。要使私有 IP 地址的数据报文能通过 Internet 传递，必须在数据报文头上打上公网 IP 头，IPsec 的隧道模式就具有这样的功能。在 Internet 上隐藏了私有 IP 地址空间，原始数据报文的所有内容就都被加密了。因此，隧道模式被认为更安全。

通过以上的表述，在使用 IPsec 建立 VPN 的两个网络之间，要运行动态路由协议十分困难，但并不是不可以实现。在此建议使用 GRE 隧道协议，同时，它不仅提供 IP 组播和动态路由协议的传递功能，还能使用 IPsec 功能来保护数据安全，隧道两端的 IP 地址处于同一网段，动态路由协议运行更加稳定，这种结合称为 GRE over IPsec。

有一个小细节需要注意，在 GRE over IPsec 情况下，IPsec 的两种运行模式都是被允许的，但有时传输模式会有局限性，所以优先选用隧道模式。

（4）考虑 NAT 对 IPsec VPN 的影响。NAT 是为了缓解 IPv4 公网 IP 地址日益枯竭的问题，采用将私网 IP 地址映射为公网 IP 地址的一种技术。然而，IPsec 的设计目的是保证数据的机密性、完整性等，采用加密、摘要等算法来防止数据被窃听和恶意修改。可以看出，IPsec 和 VPN 在设计思想上是矛盾的。

IPsec 流量是不能穿越 NAT 的，需要引入 NAT 穿越技术，将 ESP 协议报文封装到 UDP 报文中（在原 ESP 协议的 IP 报文头部外添加新的 IP 头和 UDP 头），使得 NAT 对待它像对待一个普通的 UDP 报文一样。

（5）最大化节省部署成本。VPN 网关两端都使用静态公网 IP 地址建立的 VPN 称为静态 GRE over IPsec，而 VPN 网关的一端使用静态 IP 地址，对端使用动态 IP 地址建立的 VPN 称为动态 GRE over IPsec。

但是申请一个静态的公网 IP 地址花费非常高，所以一个可能的做法是：在总公司申请静态的公网 IP 地址，分公司使用动态的公网 IP 地址，这样会节省一部分成本。

2. IPsec VPN 配置举例

为了加深读者对 IPsec VPN 技术的理解，下面通过一个具体实例来说明 IPsec VPN 的配置过程。

（1）拓扑设计。假设一个组织机构的总部和分支机构之间通过 IPsec VPN 实现广域网互联，如图 4-46 中，VPN 网关 A 为总部的 Internet 出口设备，VPN 网关 B 为分支机构的 Internet 出口设备，1.1.1.0/24 和 2.2.2.0/24 网段之间通信的数据要受到 IPsec 保护，采用预共享密钥验证方式，ESP 封装，工作模式为隧道模式，并使用静态路由实现总部和分支机构网络互联。

（2）IP 地址规划。IP 地址规划结果如图 4-46 所示。其中，1.1.1.0/24、2.2.2.0/24 属于私网 IP 地址空间，9.0.12.1/30 和 9.0.12.2/30 属于公网 IP 地址空间。

（3）配置接口 IP 地址。按照图 4-46 中的 IP 地址规划，为 VPN 网关的物理接口配置 IP 地址，为总部和分支机构的 PC 配置 IP 地址、子网掩码和默认网关。该步骤完成后，确保在网络中任何一台设备上能够 ping 通对端设备接口的 IP 地址。

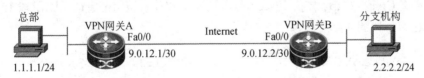

图 4-46　IPsec VPN 配置拓扑图

（4）配置公网路由。要使 IPsec VPN 正常工作，前提是公网必须连通。图 4-46 中 VPN 网关 A 和 VPN 网关 B 的 Fa0/0 接口都连接到 Internet，ISP 必须保证 VPN 网关 A 和 VPN 网关 B 能够各自访问到对方的 Fa0/0 接口所配置的公网 IP 地址。

①配置 VPN 网关 A 的公网路由。执行如下命令：

```
VPN_A(config)#ip route 0.0.0.0 0.0.0.0 9.0.12.2
```

②配置 VPN 网关 B 的公网路由。执行如下命令：

```
VPN_B(config)#ip route 0.0.0.0 0.0.0.09.0.12.1
```

③测试公网连通性。使用 ping 测试 VPN 网关 A 和 VPN 网关 B 之间的公网地址连通性。

（5）定义第一阶段 ISAKMP/IKE SA 策略。定义 ISAKMP 消息的保护策略，主要包含加密算法、验证算法、验证方式等，不同的验证方式对应的配置会有所不同。在预共享密钥（pre-share key）验证方式下，需要为对端每一个 IPsec 实体定义相应的预共享密钥，如图 4-47 所示。

图 4-47　IKE SA 策略配置

（6）定义第二阶段 IPsec SA 策略。定义 IP 数据的保护策略，主要内容包括安全协议、运行模式、加密算法和验证算法的选择等，定义需要被 IPsec 保护的数据，即感兴趣流，如图 4-48 所示。

图 4-48　IPsec SA 策略配置

（7）定义 Crypto Map。定义 IPsec SA 对端通信实体，调用配置的第二阶段 IPsec SA 策略、感兴趣流，如图 4-49 所示。

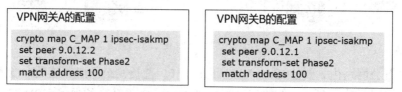

图 4-49　Crypto Map 配置

（8）在出向接口上调用 Crypto Map。要确保路由表中的路由能够使感兴趣流从配置了 Crypto Map 的出向接口转发出去，如图 4-50 所示。

```
VPN网关A的配置

interface FastEthernet0/0
  ip address 9.0.12.1 255.255.255.0
  crypto map C_MAP
```

```
VPN网关B的配置

interface FastEthernet0/0
  ip address 9.0.12.2 255.255.255.0
  crypto map C_MAP
```

图 4-50　接口上调用 Crypto Map 配置

（9）网络连通性测试。当所有配置完成后，可在 VPN 网关 A 上使用 IP 地址 1.1.1.1 去 ping IP 地址 2.2.2.2，测试结果如下。

```
VPN_A#ping 2.2.2.2 source 1.1.1.1
Type escape sequence to abort.
Sending 5, 100-byte ICMP Echos to 2.2.2.2, timeout is 2 seconds:
Packet sent with a source address of 1.1.1.1
.!!!!
Success rate is 80 percent (4/5), round-trip min/avg/max = 16/57/92 ms
```

（10）IPsec 协议协商结果查看。在 VPN 网关 A 上执行命令 show crypto isakmp sa 查看第一阶段 ISAKMP/IKE SA 协商结果，若 State 显示 QM_IDLE，则说明第一阶段协商成功，如图 4-51 所示。

```
VPN_A#show crypto isakmp sa
dst          src          state       conn-id  slot  status
9.0.12.2     9.0.12.1     QM_IDLE        2       0    ACTIVE
```

图 4-51　查看 IKE SA 协商结果

在 VPN 网关 A 上执行命令 sh crypto IPsec sa 查看第二阶段 IPsec SA 的协商结果，如图 4-52 所示，若方框内显示的为非 0 数字，则说明 IPsec SA 已经开始对 IP 数据进行保护。

```
RA#sh crypto ipsec sa

interface: FastEthernet0/0
  Crypto map tag: C_MAP, local addr 9.0.12.1
  protected vrf: (none)
  local  ident (addr/mask/prot/port): (1.1.1.1/255.255.255.255/0/0)
  remote ident (addr/mask/prot/port): (2.2.2.2/255.255.255.255/0/0)
  current_peer 9.0.12.2 port 500
    PERMIT, flags={origin_is_acl,}
    #pkts encaps: 4, #pkts encrypt: 4, #pkts digest: 4
    #pkts decaps: 4, #pkts decrypt: 4, #pkts verify: 4
    #pkts compressed: 0, #pkts decompressed: 0
    #pkts not compressed: 0, #pkts compr. failed: 0
    #pkts not decompressed: 0, #pkts decompress failed: 0
    #send errors 1, #recv errors 0

    local crypto endpt.: 9.0.12.1, remote crypto endpt.: 9.0.12.2
    path mtu 1500, ip mtu 1500, ip mtu idb FastEthernet0/0
    current outbound spi: 0xA96160FB(2841731323)
```

图 4-52　查看 IPsec SA 协商结果

4.6.5　SSL VPN 的应用场景

最初的 VPN 仅实现简单的网络互连功能，采用了 GRE 等隧道技术。为了保证数据的私密性和完整性，进一步产生了 IPsec VPN 技术。而现在，人人都在走向移动时代，通过移动设备访问企业的数据，这对 VPN 技术提出了更高的要求。SSL VPN 正是在这样的新挑战下应运而生的。SSL 协议几乎内置在所有浏览器中，可以用来在终端用户和企业服务器或企业网络之间建立安全隧道，使得成千上万需要实现远程访问的用户快速达到他们的目的。

SSL VPN 主要提供基于 Web 应用程序的安全访问，用户通常不需要在远程主机上安装客户端软件。另外，客户端只需要在远程主机上通过 Web 浏览器即可使用 SSL VPN，几乎不需要对用户进行任何培训。SSL VPN 在易用性方面有了很大的提升，但缺点是只对 Web 流量实现加密保护。

根据 SSL VPN 网关在网络中的位置的不同，SSL VPN 在实际应用中有单臂和双臂两种组网模式。

1. 双臂组网模式

采用双臂组网模式时，SSL VPN 网关跨接在内网和外网之间，如图 4-53 所示。

图 4-53　SSL VPN 双臂组网模式

这种组网的优势在于，外网对内网所有的访问流量都经过网关，网关可以对这些流量进行全面的控制。不足之处是，网关处于内网与外网通信的关键路径上，网关出现故障将导致整个内网与外网之间通信的中断；网关的处理性能也对整个内网访问外网的速度有影响。在 SSL VPN 网关与防火墙集成时，一般多采用双臂组网模式。由于有防火墙对网络攻击的防护，因此 SSL VPN 可以比较安全地运行。

2. 单臂组网模式

采用单臂组网模式时，SSL VPN 网关并不跨接在内网和外网之间，而像一台服务器一样与内网相连，如图 4-54 所示。

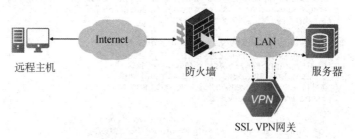

图 4-54　SSL VPN 单臂组网模式

SSL VPN 网关作为代理服务器响应外网远程主机的接入请求，在远程主机与内网服务器之间转发数据报文。使用单臂组网模式的好处是：设备不处在网络流量的关键路径上，设备的故障不会导致整个网络的通信中断；另外，网关的处理性能不会影响到整个内网与外网通信的性能。使用单臂组网模式的不足之处是：设备不能充分保护内部网络，有些流量可以不经过此设备而访问内部网络中的其他服务器。单纯的 SSL VPN 网关设备一般多采用单臂组网模式，不但可以免受外部的网络攻击，还可以避免成为网络的性能瓶颈和单点故障源。

任务实施

1. 网络基本配置。
2. 配置总部防火墙接口。
3. 配置 ISP 路由器接口 IP 地址和路由。
4. 配置分部防火墙接口及路由。
5. 验证基本配置结果。
6. 配置总部 NAT。
7. 配置扩展分组。
8. 配置 SSL VPN。
9. 配置 IPsec VPN。

4.6 任务实施

任务评价

根据任务完成情况，简明扼要地填写任务评价表，并将相关截图上传。

4.6 任务评价

归纳总结

随着现代信息技术的发展，越来越多的组织机构将日常办公平台逐渐迁移到网络平台和统一应用平台之上。在使用 Internet 作为基本传输媒体时，存在一些安全风险：如数据在传输的过程中可能泄密；数据在传输的过程中可能失真；数据的来源可能是伪造的；数据传输的成本可能很高。VPN 可以使用全球网络资源，在组织机构的分支、移动和总部站点之间，构建业务延伸的专用网络。

在线测试

本任务测试习题包括填空题、选择题和判断题。

4.6 在线测试

技能训练

按照图 4-55 所示的拓扑图，在 R1 上配置单臂路由，允许网段 192.168.1.0/24 和 192.168.2.0/24 内的主机相互通信，在 R1 上配置 NAT，允许内网用户访问 Internet。在 R1 和 R2 上配置 GRE+IPsec，使用 IPsec 技术对数据进行加密，预共享密钥为 123456，数据采用 ESP-3DES、ESP-HASH-MD5、GROUP 2 加密方式，并配合 GRE 隧道，VPN 能够运行 OSPF 协议。为了安全，Tunnel 口采用 OSPF 密文认证，密码设定为 infosec。

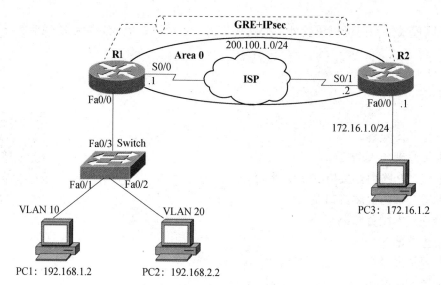

图 4-55　GRE+IPsec VPN 配置拓扑图

单元5　网络工程的实施与测试验收

网络工程测试与验收是网络工程建设的最后一环，是全面考核工程的建设工作、检验工程设计和工程质量的重要手段，它关系到这个网络工程质量能否满足预期设计的指标。网络工程测试与验收的最终结果是向用户提交一份完整的系统测试与验收报告。网络工程项目施工结束后，进入测试阶段，为项目的最后验收做准备。项目必须通过严格的测试，各项技术指标符合项目设计要求，网络系统经过一段时间的试运行后，才能申请项目验收，验收合格后方可竣工。

学习目标

通过本单元的学习，学生能够了解网络工程项目的组织结构及实施流程，掌握网络工程设备配置的主要内容及主要步骤等的概念及工作原理基本知识。

- 掌握网络设备调试方法、制定实施方案和测试方案等技能；
- 具备结合实际网络工程进行项目的组织、实施测试的能力；
- 具有大国工匠精神、团队协作精神、5S 的职业素养。

5.1　认识网络系统集成项目的实施流程

任务场景

网络工程实施是在网络设计的基础上进行的工作，主要包括软硬件设施的采购，网络软硬件设施和测试系统的安装、配置、调试和培训等。应该保证按系统设计要求，实现网络系统的连接，直至正常运行，并负责网络技术的培训和维护。

任务布置

1. 学习网络工程项目的组织结构。
2. 做好网络设备调试前的准备工作。
3. 学习网络设备配置与调试方法。
4. 实施网络设备的安装与调试。

知识准备

5.1.1 网络工程项目的组织

网络工程建设是一项综合性和专业性较强的系统工程，涵盖了计算机技术、通信技术和项目管理等多个领域。因此，在进行网络工程建设的过程中，必须严格按照网络工程施工计划的施工进度和施工质量要求有组织地完成整个网络系统的整体建设。

1. 项目团队

（1）项目经理。项目经理负责全面的组织协调工作，包括编制总体实施计划、各分项工程的实施计划；工程实施前的专项调研工作；工程质量、工程进度的监督检查工作；对用户的培训计划的实施；项目组内各工程小组之间的配合协调；组织设备订货和到货验收工作；负责与用户的各种交流活动；组织阶段验收和总体项目的验收等。

（2）设备材料组。设备材料组负责设备、材料的订购、运输和到货验收等工作。

（3）布线施工组。布线施工组负责的工作包括：编制该分项工程的详细实施计划；网络结构化布线的实施；该分项工程的施工质量、进度控制；布线测试，提交阶段总结报告等。

（4）网络系统组。网络系统组负责的工作包括：网络设备的验收与安装调试；编制该分项工程的详细实施计划；该分项工程的施工质量、进度控制；提交阶段总结报告等。

此外，网络系统组还需负责安装调试操作系统、网管系统、计费系统、远程访问和网络应用软件系统，测试网络系统的单项和整体性能。

（5）培训组。培训组负责的工作包括：编制详细的培训计划；培训教材的编写或订购，培训计划的实施；培训效果反馈意见的收集、分析整理、解决办法和提交培训总结报告等。

（6）项目管理组。项目管理组负责的工作包括：管理这项工程的管理数据库；全部文档的整理入库工作；整个项目的质量、进度统计报表和分析报告；项目中所用材料、设备的订购管理；协助项目经理完成协调组织工作和其他工作。

对于不同投资规模的系统集成项目，上述项目团队的人员构成也不同。

2. 施工进度

计算机网络工程施工主要包括布线施工、设备安装调试、Internet 接入、建立网络服务等内容。它要求有高素质的施工管理人员，有施工计划、施工和装修的安排协调、施工中的规范要求、施工测试验收规范要求等。施工现场指挥人员必须要有较高的素质，其临场决断能力往往取决于对设计的理解及布线技术规范的掌握。

在网络安装前，需准备一个工程实施计划，对施工进度进行控制和协调，以便控制成本投资，按进度要求完成安装任务。对工程项目要科学地进行计划、安排、管理和控制，以使项目按时完工。表 5-1 所示为一个典型的工程实施计划。

表 5-1　一个典型的工程实施计划

完成日期	主要阶段性成果
××年×月×日	设计完成，将设计文档的 Beta 版分发给主管领导、部门经理、网络管理员和最终用户
××年×月×日	讨论设计文档
××年×月×日	最终分发设计文档
××年×月×日	广域网服务供应商在所有建筑物之间完成专用线的安装
××年×月×日	培训新系统的网络管理员
××年×月×日	培训新系统的最终用户
××年×月×日	完成建筑物 1 中的试验系统
××年×月×日	从网络管理员和最终用户那里收集试验系统反馈信息
××年×月×日	完成建筑物 2、3、4、5 的网络实施
××年×月×日	从网络管理员和最终用户那里收集建筑物 2、3、4、5 网络系统的反馈信息
××年×月×日	完成其余建筑物内的网络实施
××年×月×日	监控新系统，判断其是否满足目标

一般来讲，目标、成本、进度三者是互相制约的，其关系如图 5-1 所示。其中，目标可以分为任务范围和质量两个方面。项目管理的目的是谋求（任务）多、（进度）快、（质量）好、（成本）省的有机统一。

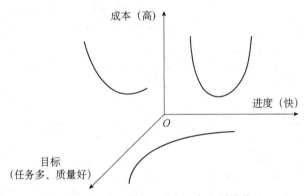

图 5-1　目标、成本、进度三者之间的关系

通常，对于一个确定的合同项目，其任务的范围是确定的，此时项目管理就演变为在一定的任务范围下如何处理好质量、进度和成本三者之间的关系。

5.1.2　网络设备调试前的准备工作

在实施网络前，做好充分的准备工作和实施规划，对照有序的步骤进行安装调试。

1. 采购设备

首先认真阅读签订的合同，确认付款方式、订货方式和供货时间。通常，在合同签订后，甲方（用户方）预付给乙方（供货方）30%的首付款，乙方收到首付款后开始订货。确认收到首付款后，应立即订购合同约定的所供货物，避免因供货问题影响工程进度。订货后，需要确定厂商设备的到货日期。在订货过程中，如果遇到设备缺货或停产等情况，应及时与用户沟通，商议延期或设备变更方案，并确定合同的补充协议。

例如，×××大厦网络系统设备清单见表 5-2。

表 5-2　×××大厦网络系统设备清单

设备种类	序号	设备名称及型号	规格描述	单位	数量	产地	备注
			×××大厦网络系统设备清单				
核心交换机	1	WS-6509	Catalyst 6509 chassis 主机	台	1	Cisco/USA	
	2	WS-CAC-1300W	Catalyst 6000 1300W AC Power Supply 电源	个	2	Cisco/USA	
	3	Supervisor Engine 1A-PFC/MSF2	15Mp/s，32Gb/s，Centralized Layer 2-4 forwarding，Enhanced security and QoS 主板	个	2	Cisco/USA	
	4	WS-X6516-GE-TX	16 口 10/100/1000，RJ45，100m，Category 5 cable 5 类双绞线端口插板	个	1	Cisco/USA	
	5	WS-X6416-GBIC	Catalyst 6000 16 口 Gig-Ethernet SFP mod 光纤模块插板	个	1	Cisco/USA	
	6	WS-G5484	1000BASE-SX Short Wavelength GBIC（Multimode only）光纤模块	个	15	Cisco/USA	
	7	ST-SC	光纤跳线，10m	对	15	中国台湾	增加
楼层交换机	1	Cisco Catalyst 2960-48TC-L	48 个以太网 10/100Mb/s 端口，2 个用上行端口（一个 10/100/1000Mb/s 和一个 SFP 插槽）	台	15	Cisco/USA	
	2	WS-G5484	1000BASE-SX Short Wavelength GBIC（Multimode only）光纤模块	个	15	Cisco/USA	
	3	ST-SC	光纤跳线，2m	对	15	中国台湾	增加
防火墙	1	PIX 525	PIX Firewall 525 chassis，2 个 10/100Mb/s 以太网端口	台	1	Cisco/USA	
	2	PIX-1FE	1 个 10/100Mb/s 以太网端口，RJ45	台	1	Cisco/USA	
	3	PIX-CONN-UR	PIX 无限制许可	台	1	Cisco/USA	
	4	软件	PIX 软件包	套	1	Cisco/USA	

具有一定规模的公司，通常设有商务部，这时可直接将订货单交给商务部人员，并由他们负责订货。有些公司由主管经理或者项目经理负责订货，极少数情况下由工程师直接订货。无论是哪一种情况，网络工程师都应该了解订货情况。

2. 熟悉设计方案

仔细阅读网络设计方案，根据网络拓扑结构，充分了解设备清单中的每个设备或模块，以及配置网络需要使用的网络技术。在设计方案中一般会对这些设备和技术进行说明。如有不清楚之处，应及时查阅相关资料，并与设计网络的工程师沟通，弄清楚用户的需求和设计方案的思路。

某大厦网络拓扑结构如图 5-2 所示。

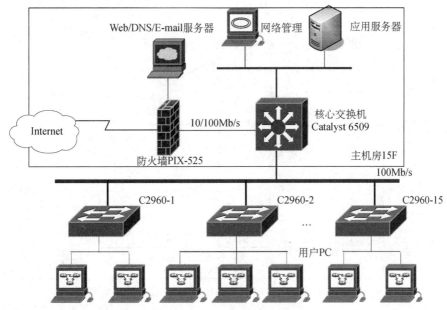

图 5-2　某大厦网络拓扑结构

网络设计的简单描述：核心交换机位于 15 层的机房设备间，核心交换机通过千兆以太网光纤模块连接到其他楼层交换机（Cisco 2960）；防火墙（PIX-525）安装 3 块网卡，一个连接内网，一个连接外网，另一个用于连接 DMZ 的 Web 服务器等；应用服务器及网络管理 PC 通过以太网端口连接到核心交换机；PC 用户通过以太网端口连接到楼层交换机。使用快速以太网和千兆以太网连接技术连接到网络设备和用户；在所有的交换机上需要使用 VLAN 技术隔离大厦的不同用户单位的网络；在核心交换机上需要使用三层交换机技术实现不同 VLAN 用户间的通信，并通过防火墙配置 NAT 技术实现 Internet 的共享访问；在核心交换机中还需配置 ACL，隔离不同用户之间的访问，但不能影响用户对 Internet 的访问。

网络工程师应对照设备清单（表 5-2），仔细了解这些设备和技术，如果不熟悉这些设备和技术，要认真查阅相关资料，做好充分准备。

3. 采购设备

虽然在设计网络时已经分析了网络布线系统，但是在实施之前还需要进一步考察用户的布线施工现场，结合网络布线系统图，确认设备间的位置、环境，以及网络设备的安装位置和连接跳线的长度和数量。

在某大厦的布线系统图中，48 层大楼共设置了 15 个配线间，网络主机房设置在 15 层。以 15 层和 18 层配线间为例，如图 5-3 所示。18 层配线间位于弱电井，安装 1 台 48 口的交换机，通过布线系统连接到 15 层的配线间。其中，位于机房的核心交换机与光纤配线架之间的距离约为 8m，可使用 10m 的光纤跳线；位于楼层配线间的交换机与光纤配线架之间的距离为 1m，可以使用 2m 的光纤跳线。经与用户确认，楼层交换机与模块式配线架之间的 UTP 跳线由布线施工单位负责制作或购买，而光纤跳线则需要网络系统集成公司在购买网络设备时一起购买，所以需要在网络设备清单中增加订购光纤跳线的任务。一条光纤跳线称为1对，由2根光纤组成，最好订购2对备用。

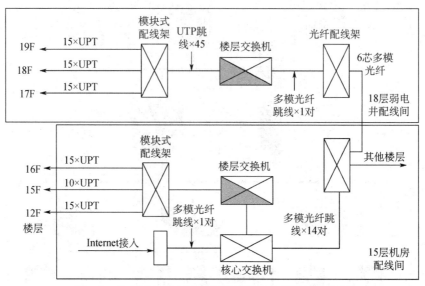

图5-3 某大厦与楼层机房配线间网络布线连接示意图

4. 规划具体实施方案

在设计方案中已经规划了总体的实施方案，包括项目小组成员及任务分工、施工规划、施工进度表、IP地址规划表、路由协议选择、工程测试等。但是，设计方案中的规划通常对某些具体内容描述得不够细致。因此，在施工前还应当参照设计方案中的实施规划，进一步列出每个阶段具体需要完成的工作细节。

5.1.3 网络设备配置与调试方法

在订货期间，如果对设备的配置和调试方法不熟悉，应仔细查阅设备厂商的相关技术资料，做好准备。设备到货后，再仔细查看设备厂商的安装说明书和配置指南，熟悉设备的安装方法和配置命令等。设备的基本配置方法如下。

1. 网络设备的配置方法与途径

非网管交换机没有内置操作系统，不需要配置，可以直接使用。而网管交换机或路由器内置了专用的操作系统，需要进行配置，设置必要参数，才能充分运用网络技术实现其强大的网络功能。

（1）配置方法。尽管不同厂商或不同型号的产品可能会采用不同的配置方法或命令，但它们总有一些共同之处，包括交换机在内的网络设备常见的配置方法有：开机对话方式配置、基于Web的配置、网络管理软件配置和命令行方式配置等。设备产品可能会全部支持或部分支持这些配置方法，详细的配置方法或命令需要参考厂商提供的产品安装配置指南。

通过命令行方式配置实际上就是直接操作网络设备中内置的OS，由于需要记住一些操作命令，对于初学者而言这种方法比其他方法相对困难，但是掌握该方法可使配置变得简单、方便、灵活，调试时更准确、稳定。

（2）配置途径。配置网络设备的途径主要分为两大类：一类是使用终端通过串行通信方式连接到网络设备，然后通过命令行方式配置，例如，连接网络设备的 Console 端口，或者 Auxiliary 端口；另一类是通过 IP 网络连接，例如，通过网络设备的以太网端口将设备连接到 IP 网络，然后使用 PC 通过 Web、Telnet 等方式连接到网络设备，使用 Web 或命令行等方式配置。

（3）使用超级终端连接到网络设备。由于新购的网络设备在默认情况下只能通过连接设备的 Console 端口连接，利用超级终端进行配置，因此通过 Console 端口配置网络设备显得尤其重要。一般使用 Windows 系统的超级终端，可通过计算机的 RS232 串行口建立与网络设备的通信。

注意：不同网络设备的通信参数值可能不同，配置时可以参考设备厂商公布的配置说明书进行具体设置。

2. 配置基本命令

大部分厂商的网络设备提供了命令行方式的配置方法，通过命令操作设置网络设备的参数，是操作网络设备中的操作系统的最直接、最有效的方法。各厂商设备的操作系统都具有自主的知识产权，虽然这些操作系统有相似之处，但不能通用。当配置和操作某个厂商的网络设备时，需要了解该厂商设备的操作系统命令。要想掌握所有厂商设备的操作系统命令是很困难的，也没有必要，因为这些配置命令很相似，只需掌握一两种常用设备的操作命令，并能够深入理解，就会很容易学会其他设备操作系统的命令。

著名的 Cisco 厂商特有的 IOS 是一种技术较为成熟的网络设备操作系统，很多厂商设备的操作系统都学习和借鉴了 Cisco 的 IOS。例如，国内的锐捷网络设备厂商使用的设备操作系统 RGNOS 的绝大部分命令与 Cisco 的 IOS 命令相同，华为-3COM 厂商的设备配置命令也有很多与 Cisco 的 IOS 命令相似。掌握并理解了 Cisco 的 IOS 命令行的配置，其他厂商的命令行配置也就不难理解和使用了。下面以 Cisco 的 IOS 为例，介绍命令行配置的基本配置命令，详细的配置命令解释请参考厂商的设备软件配置使用说明。

在命令行配置中，为了限定操作权限或参数的作用范围，在网络设备的操作系统中设置了不同级别的配置模式，用户必须在适当的配置模式下才能使用相应的配置命令。Cisco 设备有 4 种主要配置模式见表 5-3。在输入命令时，应注意不同配置模式的提示符。

表 5-3　Cisco 设备主要配置模式

配置模式	提　示　符	接入下一级需要使用的命令	返回上一级
普通用户模式	>	enable	exit
特权用户模式	#	config t	exit
全局配置模式	（config）#	interface	exit
端口配置模式	（config-if）#		exit

3. 基本调试命令

完成配置后，如果配置正确，则会得到满意的结果。但是，偶尔也会出错，尤其是初学者，经常会出现各种配置错误，如输入命令的字符错误、命令输入的配置模式错误、参数设置错误等。如果这些错误能被及时发现并改正，不会影响配置结果，否则，最后就要详细检查每一步的操作，并纠正错误。因此，用户必须掌握一些基本的网络调试命令和故障排除方法，这些命令和方法能够帮助用户轻松解决绝大多数网络配置问题。

网络故障排除所涉及的知识和技能面较广，不仅需要学习专门的课程，还需要不断在工程实践中积累经验。这里仅介绍一些基本的调试命令及简单的故障排除知识，通过这些方法，能解决大部分网络故障问题，如果还不能排除故障，则需要请教经验丰富的网络工程师。

（1）show run。当完成一些配置命令的输入后，这些配置立即生效，并记录在当前运行的配置文件中，实际上是保存在内存中，通过命令 show run 可以查看这个配置文件。

通过仔细检查配置文件的每一行，能够判断这些参数设置是否正确和合理。如果发现需要设置的参数没有进行配置，可以通过命令行方式进行配置；如果存在错误配置，则使用命令重新配置；如果存在多余配置，可在原配置命令前加上 no，删除该配置。

（2）ping。ping 命令用于测试网络的连通性，是最常用的网络调试命令。ping 命令可以用在网络设备中，测试网络设备端口之间、设备与网络主机之间的网络连通性；ping 命令也可以用在网络主机系统中，测试网络主机之间、网络主机与网络设备端口之间的网络连通性。

在 Windows 系统中，如果要发送连续的 ping 数据包来测试网络的性能，则需在 ping 命令的后面加上参数"-t"；如果要停止 ping，则需按 Ctrl+C 组合键。

在网络设备中利用 ping 命令的扩展功能可以测试网络连通的稳定性，在工程中，经常设定一次发送一万个数据包，测定网络的数据传输稳定性。

（3）show interface。该命令用于查看端口状态信息，确认端口是否开启、IP 地址配置是否正确等，有助于分析绝大部分的网络故障问题。

4. 基本故障的排除方法

网络故障排除，关键在于找到故障位置。网络故障排除通常采用结构化方法，故障排除的结构化顺序如图 5-4 所示。物理层是网络中最低、最基本的层，多数网络故障发生在这里。经验表明，70%的故障出现在物理层。遇到网络不通时，首先要检查物理层，很多网络工程人员往往忽视这一点，用大量时间调试上层，结果浪费了太多的时间和精力，确保物理层的正常工作是实现网络连通的首要任务。

物理层主要检查电缆、电源、连接端口、连接设备的硬件故障，如观察开关、指示灯、接口状态等，物理层的问题很容易判断，只是经常被很多人忽略。关于线缆的问题，我们能够自行解决，设备硬件故障则需要专业技术人员进行维修。

图 5-4　故障排除的结构化顺序

如果物理层没有发现问题，则检查网络的第 2 层、第 3 层。这需要进入网络设备的系统，通过软件配置命令检查。检查的内容包括端口 IP 地址设置、封装协议、带宽设置、路由协议的配置、路由表的建立等。

5.1.4　网络设备的调试过程

安装前，需要对所有网络设备进行加电测试，然后搭建设备运行的模拟环境，并预先配置好每台设备，完成基本的功能调试。上架安装后，再进行全部设备的联调和功能测试。配置和调试时，应及时记录必要的数据，并整理好文档，做好验收准备。

1. 测试设备

设备到货后，应及时运送到用户的工作场地，由用户签收并统一保管。公司技术人员应在用户认可的情况下开箱检查和测试设备。如果甲方允许，设备的开箱测试工作也可在送货前进行。测试时，如果发现设备故障，应及时与厂商联系更换。设备测试的基本步骤如下：

（1）外观检查。检查设备的外观，确认有无破损。

（2）加电检查。接通电源，检查每台设备的开机状态，确认能否正常开机。

（3）检查插板和模块。在断电情况下，安装设备的端口模块，然后依次开机检查，确认插板、模块端口等工作是否正常。例如，检查插板和模块，交换机 Catalyst 6509 具有 9 个插板插槽，购买了两块引擎主板，一块是 16 端口光纤模块插板，另一块是 16 端口 10/100/1000Mb/s RJ45 双绞线连接插板。将两块插板安装到主机的插板插槽内，然后加电测试。

（4）通过终端方式检查。分别连接每台设备的 Console 端口，通过终端方式查看启动过程、模块和端口情况，并检查设备的 OS 版本号。新购置的厂商设备的 OS 版本号通常较新，如果版本较低，则需要进行升级。

（5）记录设备序列号并粘贴标签。在测试每台设备时，记录设备的出厂序列号（S/N），并按照实施方案的规划，粘贴标签，标签中标注设备编号和管理 IP 地址。这样，不仅在安装时容易区分，在安装后也易于管理和维护。

2. 配置每台设备

首先集中摆放安装的设备，按照设计的网络拓扑结构，通过网络跳线或光纤跳线将设备连接起来，并连接必要的测试 PC 和服务器，搭建设备的模拟实际运行环境。然后，在这个模拟环境中进行配置和调试。

任务实施

1. 组建项目团队。
2. 验收到货设备。
3. 制定实施方案。
4. 项目组织实施。

5.1 任务实施

任务评价

　　根据任务完成情况，简明扼要地填写任务评价表，并将相关截图上传。

5.1 任务评价

归纳总结

　　网络工程建设是一项综合性和专业性较强的系统工程，涵盖了计算机技术、通信技术和项目管理等多个领域。因此，在进行网络工程建设的过程中，必须严格按照网络工程施工计划的施工进度和施工质量要求有组织地完成整个网络系统的整体建设。项目实施是工程师交付项目的具体操作环节，系统的管理和高效的流程是确保项目实施顺利完成的基本要素。由于计算机网络工程必须按照国家或国际标准和相关规范进行施工和验收，因此网络工程的施工方必须组成专门的项目团队，对工程进度和工程质量进行严格的控制和管理。

　　网络系统的实施是指按照网络系统的设计进行网络系统的安装、调试。这些工作是在与客户签订订货和服务合同之后进行的，由售后工程师完成。基本步骤包括准备工作、测试和安装调试、验收、客户培训和售后服务。内容包括网络布线系统的安装与测试，网络设备的安装、配置和调试，服务器、PC 等的安装，操作系统、网络服务的安装和配置，以及一些信息系统软件的安装，其中最为关键的工作是网络互联设备的配置和调试。

在线测试

　　本任务测试习题包括填空题、选择题和判断题。

5.1 在线测试

技能训练

　　请分析图 5-5 所示的网络拓扑结构具有什么特点？

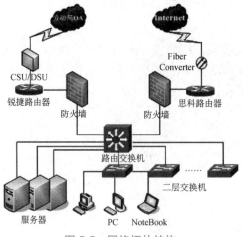

图 5-5　网络拓扑结构

5.2　测试与验收网络系统

任务场景

利用 4.5 节中已实现的网络工程项目"在防火墙上实现 IPsec VPN 和 SSL VPN",结合所学网络系统测试方法与技巧,完成该网络工程项目功能实现的测试。

任务布置

1. 学习网络系统测试前的准备工作。
2. 学习网络系统测试标准及规范。
3. 探究网络系统测试内容及方法。
4. 学习网络系统验收内容及步骤。

知识准备

5.2.1　网络系统测试前的准备工作

在进行网络工程的测试前,需要有前期准备,主要包括以下内容。

(1)综合布线工程施工完成,且严格按工程合同的要求及相关的国家或部委颁布的标准整体验收合格。

(2)成立网络测试小组。小组的成员主要以使用单位为主,施工方参与(如有条件,可以聘请从事专业测试的第三方参加),明确各自的职责。

(3)制订测试方案。双方共同商讨,细化工程合同的测试条款,明确测试所采用的操作程序、操作指令及步骤,制订详细的测试方案。

(4)确认网络设备的连接及网络拓扑符合工程设计要求。

(5)准备测试过程中所需要使用的各种记录表格及其他文档材料。

(6)供电电源检查。直流供电电压为 48V,交流供电电压为 220V。

(7)设备通电前的常规检查,如设备应完好无损、各种设备的选择开关状态、各种文字符号和标签应齐全正确、粘贴牢固等。

5.2.2　网络系统测试标准及规范

网络工程测试与验收工作采用的主要标准及规范如下:

(1)《路由器测试规范——高端路由器》(YD/T 1156—2001):本规范主要规定了高端路由器的接口特性测试、协议测试、性能测试、网络管理功能测试等,自 2001 年 11 月 1 日起实施。

(2)《以太网交换机测试方法》(YD/T 1141—2007):本标准规定了千兆位以太网交换机的功能、功能测试、性能测试、协议测试和常规测试,自 2008 年 1 月 1 日起实施。

（3）《接入网设备测试方法——基于以太网技术的宽带接入网设备》（YD/T 1240—2002）：本标准规定了对于基于以太网技术的宽带接入网设备的接口、功能、协议、性能和网管的测试方法，适用于基于以太网技术的宽带接入网设备，自 2002 年 11 月 8 日起实施。

（4）《IP 网络技术要求——网络性能测量方法》（YD/T 1381—2005）：本标准规定了 IPv4 网络性能测量方法，并规定了具体性能参数的测量方法，自 2005 年 12 月 1 日起实施。

（5）《公用计算机互联网工程验收规范》（YD/T 5070—2005）：本规范主要规定了基于 IPv4 的公用计算机互联网工程的单点测试、全网测试和竣工验收等方面的方法和标准，自 2006 年 1 月 1 日起实行。

5.2.3　网络系统测试

网络工程项目施工结束后，进入测试阶段，为项目的最后验收做准备。项目必须通过严格的测试，各项技术指标符合项目设计要求，网络系统经过一段时间的试运行后，才能申请项目验收，验收合格后方可竣工。

1. 网络系统性能测试

网络系统测试是进行工程监理服务、网络故障测试服务和网络性能优化服务的基础，主要包括性能测试和功能测试。性能测试主要用于测试网络中的各种情况，包括网络设备、服务器、路由器、交换机、网卡等质量问题，设备互连的参数和端口设置问题，系统平台、协议的一致性问题，网络容量（传输速率、带宽、时延）问题，以及可能对网络造成的不利影响。

（1）系统连通性。用测试工具对网络的关键服务器、核心层和汇聚层的关键网络设备（如路由器和交换机）进行 10 次 ping 测试，每次间隔 1s，以测试网络连通性。测试路径需要覆盖所有的子网和 VLAN。以不低于接入层设备总数 10%的比例进行抽样测试，少于 10 台设备的，全部测试；每台抽样设备中至少选择一个端口，即测试点，测试点应能覆盖不同的子网和 VLAN。合格与否的判定依据是，测试点到关键服务器的 ping 测试连通性达到 100%时，就判定测试点符合要求。

（2）链路传输速率。链路传输速率测试必须在空载时进行，对核心层的骨干链路，应进行全部测试；对汇聚层到核心层的上连链路，应进行全部测试；对接入层到汇聚层的上连链路，以不低于 10%的比例进行抽样测试；链路数不足 10 条时，按 10 条进行计算或者全部测试。

（3）吞吐率。建立网络吞吐率测试结构。测试必须在空载网络下分段进行，包括接入层到汇聚层链路、汇聚层到核心层链路、核心层间骨干链路，以及经过接入层、汇聚层和核心层的用户到用户链路。对核心层的骨干链路和汇聚层到核心层的上连链路，进行全部测试。对接入层到汇聚层的上连链路，以 10%的比例进行抽样测试；链路数不足 10 条时，按 10 条进行计算或者全部测试。对于端到端的链路（即经过接入层、汇聚层和核心层的用户到用户链路）以不低于终端用户数量 5%的比例进行抽样测试，链路数不足 10 条时，按 10 条进行计算或者全部测试。

另外，还需对网络的传输时延、丢包率以及以太链路层的健康状况进行测试，要求测试数据符合要求。

2. 网络系统功能测试

网络系统功能测试主要包括：VLAN、DHCP、备份功能和网络设备测试，其目的是保证用户能够科学和公正地验收供应商提供的网络设备和系统集成商提供的整套系统，也是故障的预测、诊断、隔离和恢复的最常用手段。

（1）VLAN 功能。主要查看 VLAN 的配置情况，同一 VLAN 以及不同 VLAN 在线主机连通性；检查地址解析表，如果仅能解析出本网段的主机 IP 地址对应的 MAC 地址，则说明虚拟网段划分成功，本网段主机不能接收到其他网段的 IP 广播包。表 5-4 列出了网络系统的 VLAN 功能测试方法和正确测试结果。

表 5-4　网络系统的 VLAN 功能测试方法和正确测试结果

测试项目		测试方法	正确结果
网络系统功能测试	VLAN 测试	登录到交换机，查看 VLAN 的配置情况	# show vlan 显示配置的 VLAN 的名称及分配的端口号
		在与交换机相连的主机上 ping 同一虚拟网段上的在线主机，及不同虚拟网段上的在线主机	数据 VLAN 均显示 alive 信息，视频 VLAN 显示不可到达或超时信息
		检查地址解析表	#arp –a 仅解析出本虚拟网段的主机的 IP 对应的 MAC 地址
		检查 Trunk 配置信息	#show int trunk 显示 Trunk 端口所有配置信息，注意查看配置 Trunk 端口的信息
	连通性测试	测试本地的连通性，查看延时	#ping 本地 IP 地址
		测试本地路由情况，查看路径	#traceroute 本地 IP 地址
		测试全网连通性，查看延时	#ping 外地 IP 地址
		测试全网路由情况，查看路径	#traceroute 外地 IP 地址
		测试与骨干网的连通性，查看延时	#ping IP 地址
		测试与骨干网通信的路由情况，查看路径	#traceroute IP 地址
		测试本地路由延迟	ping 本地 IP 地址，查看延迟结果
		测试本地路由转发性能	ping 本地 IP 地址加 –l 3000 参数，查看延迟结果

（2）DHCP 功能。首先在局域网系统中启用 DHCP 功能；然后将测试主机设置成自动获取 IP 地址模式；重新启动计算机，查看它是否自动获得了 IP 地址及其他网络配置信息（如子网掩码、默认网关地址、DNS 服务器等）。

对于测试计算机所连接用户端口的选择，以不低于接入层用户端口数量 5% 的比例来进行抽查；端口数不足 10 个时，全部测试。如果测试计算机能够自动从 DHCP 服务器中获取 IP 地址、子网掩码和默认网关地址等网络配置信息时，则判定系统的 DHCP 功能符合要求。

（3）备份功能。首先使用测试计算机向测试目的节点发送 ping 包，查看它们之间的连通性；然后人为关闭网络核心层主设备电源，查看备份设备是否启用，测试计算机和目的节点之间的连通性；最后人为断开主干线路，查看备份线路是否启用，测试计算机和目的节点之间的连通性。应对所有核心网络设备和主干线路的备份方案进行全面测试，备份功能正常与否主要看 ping 测试是否在设计规定的切换时间内能够恢复其连通性。

（4）网络设备测试。网络设备的测试主要包括交换机的测试、路由器的测试等。具体测试内容和测试方法见表 5-5。

表 5-5　网络设备测试内容与测试方法

测试项目		测试内容	测试方法
交换机测试	物理测试	测试加电后系统是否正常启动	用 PC 通过 Console 线或 Telnet 连接到交换机上，加电启动，通过超级终端查看路由器启动过程，输入用户名及密码进入交换机
		查看交换机的硬件配置是否与订货合同相符合	执行 show version 命令
		测试各模块的状态	执行 show mod 命令
		查看交换机 Flash Memory 使用情况	执行 dir 命令
		测试 NVRAM	在交换机中改动其配置，并写入内存，执行 write 命令将交换机关电后等待 60s 后再开机，执行 sh config 命令
		查看各端口状况	执行 show interface 命令
	功能测试	VLAN 测试	执行 show vlan brief 命令查看同一 VLAN 及不同 VLAN 在线主机连通性；检查地址解析表
路由器测试	物理测试	测试加电后系统是否正常启动	用 PC 通过 Console 线或 Telnet 连接到交换机上，加电启动，通过超级终端查看路由器启动过程，输入用户名及密码进入交换机
		查看交换机的硬件配置是否与订货合同相符合	执行 show version 命令
		测试 NVRAM	在交换机中改动其配置，并写入内存，执行 write 命令将交换机关电后等待 60s 后再开机，执行 sh config 命令
		查看各端口状况	执行 show interface 命令
	功能测试	测试路由表是否正确生成	执行 sh ip route 命令
		查看路径选择	执行 traceroute 命令
		查看广域网线路	执行 sh interface l0/0 命令
		查看 OSPF 端口	执行 sh ip ospf interface 命令
		查看 OSPF 邻居状态	执行 sh ip ospf neighbors 命令
		查看 OSPF 数据库	执行 sh ip ospf database 命令
		查看 BGP 路由邻居相关信息	执行 sh ip bgp neighbors 命令
		查看 BGP 路由	执行 sh ip bgp *命令
		查看 BGP 路由汇总信息	执行 sh ip bgp summary 命令
		查看数据 VPN 通道路由	执行 sh ip route vrf GA_DATA 命令
		查看视频 VPN 通道路由	执行 sh ip route vrf VIDEO_VPN 命令
		测试 VPN 通道安全	做数据 VPN 与视频 VPN 互访测试
		显示全局接口地址状态	执行 sh ip int brief 命令

（续表）

测试项目		测试内容	测试方法
路由器 测试	功能测试	测试广域网接口运行状况	执行 sh ip int s0/0 命令
		测试局域网接口运行状况	执行 sh ip int Fa0/0 命令
		测试内部路由	执行 traceroute 命令
		查看路由表的生成和收敛	去掉一条路由命令，用 sh ip route 命令查看路由生成情况
		设置完毕，待网络完全启动后，观察连接状态库和路由表	执行 show ip route 命令
		断开某一链路，观察连接状态库和路由表发生的变化	执行 show ip route 命令

3. 应用系统测试

应用系统测试主要包括物理连通性测试，基本功能测试，网络系统的规划验证测试、性能测试和流量测试等。

（1）物理测试。物理测试主要是对硬件设备及软件配置进行测试，如服务器、磁盘阵列等。首先要查看设备型号是否与订货合同相符合，然后测试加电后系统是否正常启动，最后查看附件是否完整。

（2）服务系统测试。网络服务系统测试主要是指各种网络服务器的整体性能测试，通常包括完整性测试和功能测试两个部分。具体的测试方法和正确测试结果见表 5-6。

表 5-6　网络服务系统测试方法与正确测试结果

测试项目	测试内容		测试方法	正确结果
Web 系统的 测试	系统完整性	硬件配置	检查主机外观是否完整	设备外观无损坏
		网络配置	重新启动主机，在开机自检阶段，查看机器的系统参数	系统正常启动，硬件配置与订货信息一致
	HTTP 访问	系统启动	启动操作系统，进行登录	顺利进入 Windows 登录界面
		本地访问	在本地机器上使用 IE 访问本机主页	能够正常访问
		远程访问	在远程机器上使用 IE 访问本机主页	能够正常访问
DNS 系统的 测试	系统完整性	硬件配置	检查主机外观是否完整	设备外观无损坏
		网络配置	重新启动主机，在开机自检阶段，查看机器的系统参数	系统正常启动，硬件配置与订货信息一致
	域名解析	系统启动	启动操作系统，进行登录	顺利进入 Windows 登录界面
		本地解析	在本地机器上执行 nslookup 命令测试相关域名	能够正常解析
		远程解析	在远程机器上执行 nslookup 命令测试相关域名	能够正常解析
FTP 系统的 测试	系统完整性	硬件配置	检查主机外观是否完整	设备外观无损坏
		网络配置	重新启动主机，在开机自检阶段，查看机器的系统参数	系统正常启动，硬件配置与订货信息一致
	FTP 访问	系统启动	启动操作系统，进行登录	顺利进入 Windows 登录界面

测试项目	测试内容		测试方法	正确结果
FTP 系统的测试	FTP 访问	系统管理	在本地机器上使用管理工具查看 FTP 服务器是否正常	正常
		本地访问	在本地机器上使用 IE 访问本地 FTP 服务器	能够正常登录，且能正常上传下载数据
		远程访问	在远程机器上使用 IE 访问本地 FTP 服务器	能够正常登录，且能正常上传下载数据
E-mail 系统的测试	系统完整性	硬件配置	检查主机外观是否完整	设备外观无损坏
		网络配置	重新启动主机，在开机自检阶段，查看机器的系统参数	系统正常启动，硬件配置与订货信息一致
	邮件收发	登录测试	在远端电脑上使用 IE 访问本地服务器 http://mail.xas.sn/admin/	显示管理界面登录
			正确登录后建立两个新用户 test1、test2 并设置相关参数后退出	用户建立成功
			使用新建的 test1 用户登录后检查相关参数	登录成功，参数正确
		收发邮件测试	向上级管理部门申请一个邮件服务器账号 temp@xas.sn，向 test1@xas.sn 发新邮件	本域 test1 账号收到 sn 域发来的邮件
			在本域邮件服务器上以 test1 用户登录并向外域用户 temp@ xas.sn 发新邮件	在 sn 域以 temp 账号登录并检查邮件，收到 xas.sn 域发来的邮件

5.2.4　网络工程竣工验收

网络工程验收是施工方向用户方移交的正式手续，也是用户对网络工程施工工作的认可，检查工程施工是否符合设计要求和有关施工规范。用户要确认：工程是否达到了原来的设计目标？质量是否符合要求？有没有不符合原设计的有关施工规范的地方？验收分为物理验收和文档验收。

1. 网络工程验收的工作流程

网络工程验收通常包括测试验收和鉴定验收两种方式。当网络工程项目按期完成后，系统集成商和用户双方都要组织人员进行测试验收。测试验收要在有资深的专业测试机构或相关专家进行网络工程测试的基础上，由相关专家、系统集成商及用户共同进行认定，并在验收文档上签字。

网络工程的鉴定验收工作在有资深专业测试机构，或由专家组成的鉴定委员会的组织下进行。鉴定委员会需要成立测试小组，根据制订好的测试方案对网络工程质量进行综合测试；还要组成文档验收小组，对网络工程文档进行验收。在验收鉴定会议后，系统集成商和用户针对该网络工程的进行过程、采用技术、取得成果及其存在问题进行汇报，专家对其中的问题进行质疑，并完成最终验收报告。

在通过现场验收后，为了防止网络工程出现未能及时发现的问题，还需要设定半年或一年的质保期。用户应留有约 10% 的网络工程尾款，直至质保期结束后再支付给系统集成商。网络工程验收通常包含以下内容。

（1）确认验收测试内容，通常包括线缆性能测试、网络性能指标检查、流量分析及协议分析等验收测试项目。

（2）制订验收测试方案，通常包括验证使用的测试流程和实施方法。

（3）确认验收测试指标。

（4）安排验收测试进度，根据计划完成测试验收。

（5）分析并提交验收测试数据。对测试得到的数据进行综合分析，生成验收测试报告。

2. 网络工程验收的内容

网络工程验收主要包括综合布线系统的验收、机房电源的验收、网络系统的验收。

（1）综合布线系统的验收。综合布线系统是网络系统的基础，它的测试是网络测试的必要前提。综合布线系统的测试验收要遵守相关的国家、国际标准，如 ANSI/EIA 568B、ISO/IEC 11801 和 GB 50312—2016 等。

（2）机房电源的验收。按照设计要求进行验收时，要注意照明是否符合要求，空调在最热和最冷环境下是否可用，装饰材料中的有害物释放量是否达标，接地是否符合要求，电力系统是否配备了 UPS，是否有电源保护器。

（3）网络系统的验收。网络系统的验收主要需要验证交换机、路由器、防火墙等互联设备，服务器、客户机和存储设备等是否提供了应有的功能，是否达到网络标准，是否能够互连互通。验收时要注意以下几个方面。

①网络布线图包括逻辑连接图和物理连接图。逻辑连接图主要包括各个局域网的布局，各个局域网之间的连接关系，各个局域网与城域网的接口关系，以及服务器的部署情况。物理连接图则包括每个局域网接口的具体位置，路由器的具体位置，交换机的具体位置，配线架各接口与房间、具体网络设备的对应关系。

②网络信息包括各网络的 IP 地址规划和子网掩码信息，交换机的 VLAN 设置信息，路由器的配置信息，交换机的端口配置信息和服务器的 IP 地址配置等。

③正常运行时的网络主干端口的流量趋势图、网络层协议分布图、运输层协议分布图、应用层协议分布图。

④所有重要设备（路由器、交换机、防火墙和服务器等）和网络应用程序都已连通并能够正常运行。

⑤网络上的所有主机都能够打开 IE 上网并满负荷运行，运行特定的重载测试程序，对网络系统进行 Web 压力测试。

⑥启动冗余设计的相关设备，考查它们对网络性能的影响。

3. 网络工程验收文档

文档的验收是网络工程验收的重要组成部分。网络工程验收文档包括综合布线系统相关文档、设备技术文档、设计与配置资料、用户培训和操作手册及各种签收单。

（1）综合布线系统相关文档。

①信息点配置表。

②信息点测试一览表。

③配线架对照表。

④综合布线图。

⑤布线测试报告。

⑥设备、机柜和主要部件的数量明细表，即网络工程中所用的设备、机架和主要部件的分类统计，要求列出型号、规格和数量。

（2）设备技术文档。

①操作维护手册。

②设备使用说明书。

③安装工具及附件。

④保修单。

（3）设计与配置资料。

①工程概况。

②工程设计与实施方案。

③网络系统拓扑图。

④交换机、路由器、防火墙和服务器的配置信息。

⑤VLAN 和 IP 地址配置信息表。

（4）用户培训和操作手册。

①用户培训报告。

②用户操作手册。

（5）各种签收单。

①网络硬件设备签收单。

②系统软件签收单。

③应用软件功能验收签收单。

4. 交接与维护

（1）网络系统的交接。最终验收结束后要进行交接。交接是一个使用户逐步熟悉网络系统，进而能够掌握、管理、维护整个系统的过程。交接包括技术资料交接和系统交接，其中系统交接一直延续到后期的维护阶段。技术资料交接包括在实施过程中所生成的全部文件和数据记录，至少应提交如下资料：总体设计文档、工程实施设计文档、系统配置文档、测试报告、系统维护手册（设备随机文档）、系统操作手册（设备随机文档）及系统管理建议书等。

（2）网络系统的维护。在技术资料交接完成之后，系统就进入了维护阶段。系统的维护工作贯穿系统的整个生命周期。用户方的系统管理人员将在此期间内逐步培养出独立处理各种突发事件的能力。

在系统维护期间，系统出现任何故障，都应详细填写相应的故障报告，并报告相应的人员（系统集成商技术人员）进行处理。

（3）口令移交。建设单位应派专人负责口令管理工作，接到移交来的登录用户名和口令后，用户应检查所有的系统口令、设备口令等设置，并根据有关规定重新进行设定，重新设定的口令必须与原口令不同，所有的系统口令、设备口令应做好记录，并妥善保存，防止泄密。

任务实施

1. 制订测试实施方案。
2. 实施项目任务测试。
3. 制作测试报告。
4. 制订验收实施方案。
5. 制作验收报告和完成项目验收。
6. 参加成果分享。

5.2 任务实施

任务评价

根据任务完成情况，简明扼要地填写任务评价表，并将相关截图上传。

5.2 任务评价

归纳总结

本任务讨论路由器的交互式访问、口令保护和路由协议认证等安全机制，这些安全机制缓解了路由器因自身安全问题而给整个网络带来的漏洞和风险。交换机作为网络环境中重要的转发设备，一般都嵌入了各种安全模块，实现了相当多的安全机制，包括各种类型的 VLAN 技术、端口安全技术、802.1X 接入认证技术等，有些交换机还具有防范欺骗攻击的功能，如 DHCP Snooping、源地址防护和动态 ARP 检测等。

在线测试

本任务测试习题包括填空题、选择题和判断题。

5.2 在线测试

技能训练

阅读以下关于企业网络性能评估和规划方面的技术说明，根据要求回答问题。

某企业销售部和服务部的网络拓扑结构如图 5-6 所示。

这两个部门的员工反映由于新服务器的加入，网络运行比以前慢了。网络设计师在调查期间利用手持式诊断工具记录了如下信息。

（1）服务器 A（Server A）同时是销售部和服务部的文件和打印服务器，其网络连接运行平均利用率为 78%。

（2）销售部的网络平均利用率为 45%。

（3）服务器 B（Server B）是一台文件服务器，上面存储了各种类型的文件，并允许销售部的工作站进行在线文件编辑，它占用销售部所有网络利用率的 20%。

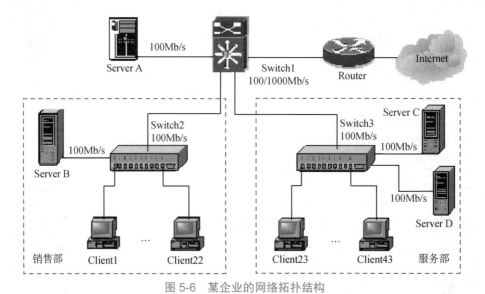

图 5-6　某企业的网络拓扑结构

（4）销售部的两个有限授权用户经常以对等工作方式进行网络互连操作。它们占用了销售部所有网络利用率的 5%。

（5）服务部的网络平均利用率为 65%。

（6）服务器 C（Server C）中有一套销售部和服务部员工频繁使用的图像库应用软件，它占用销售部、服务部两个部门的所有网络利用率的 15%。

（7）流媒体服务器（Server D）中存储了一套流媒体应用软件，由服务部用于售后服务等培训工作。该应用占用了部门网络利用率的 20%。

网络设计师在调查中了解到该企业工程技术部门已花费了所有资金，已经没有购买新网络设备的预算资金。但该工程技术部可在三层交换机（Switch1）上提供 6 个 1Gb/s 的交换端口，还可提供 3 台 100Mb/s 的交换机、4 张 1Gb/s 的网卡和一箱回收的 10/100Mb/s 网卡。

问题 1：在图 5-7 中，服务器 A 的网络利用率性能可以接受吗？请用不多于 150 字简要说明理由。

问题 2：根据该企业网络的现状，请给出一种提升服务器 A 网络性能的简要方法。

问题 3：若要流媒体服务器所提供的服务性能在可接受的范围内，则需要其所在的网络低于 0.001s 的延迟。假设销售部网络存在 5% 的冲突，平均帧长为 8000 bit，那么销售部网络的实际数据吞吐量是多少？（注意：表 5-7 给出了各种帧长度的开销比。）

表 5-7 各种帧长度开销比

帧长度/B	用户数据长度/B	开 销 比
64	1（加 37B 的填充数据）	98.7%
64	38（无填充）	50.0%
500	474	7.4%
1000	974	3.8%
1518	1492	2.5%

根据该企业网络的现状，请简要列举提高销售部网络性能的改进方案（250 字以内）。

问题 4：根据该企业网络的现状，思考如何才能提高服务部的网络性能？请简要列举出改进方案（200 字以内）。

问题 5：该企业进行子网规划的 IP 地址为 192.168.10.0/24。在表 5-8 中其他部门的工作站数量为 60 台，请将该表中的（1）～（5）空缺处（可分配的主机地址范围或子网掩码）填写完整。

表 5-8 销售部、服务部子网可分配的主机地址和子网掩码表

部 门	可分配的主机地址范围	子网掩码
销售部	192.168.10.65～（1）	（2）
服务部	（3）～（4）	255.255.255.224
其他部门	（5）～192.168.10.190	255.255.255.192

单元6 网络系统安全管理

　　结构化维护方法不但能减少网络宕机时间（在故障出现之前解决问题），还是一种性价比非常好的维护方法。特别值得一提的是，结构化维护方法还能更快地解决网络中出现的各种意外故障，且因为降低了网络故障的发生概率，应对网络故障的资源消耗也对应减少了。由于结构化维护方法需要考虑组织的商业目标，因而可以根据商业因素来分配网络资源。另外，通过持续的网络监控行为（这也是结构化维护方法中的一个组成部分）能够更大程度地发现网络中存在的安全隐患，如配置系统日志（Syslog）、网络时间协议（NTP）、简单的网络管理协议（SNMP）、NetFlow和交换端口分析器等，对网络系统实施不间断监控，及时反馈系统状态，保证业务的持续可靠运行，同时使用各种类型的数据来检测、验证和遏制漏洞攻击等。

学习目标

　　通过本单元的学习，学生能够了解网络工程文档内容，掌握网络故障排除方法及流程、系统日志、网络时间协议、简单网络管理协议、网络流量监控工具等基本知识。
- 掌握网络设备调试方法、制订实施方案和测试方案、网络管理、流量监控等技能；
- 具备排除网络安全故障、网络流量监控的能力；
- 具有大国工匠精神、团队协作精神、5S的职业素养。

6.1　排除网络故障

任务场景

　　网络故障排除拓扑图如图6-1所示，在AS-SW、CO-SW、RA、RB和PC上已做了预配。假定你是一名网络管理员，请排除网络中的故障问题，实现PC1能ping通Server的功能。具体要求是：排除所有网络故障，不要删除原有配置，只能修改或添加相关配置命令。

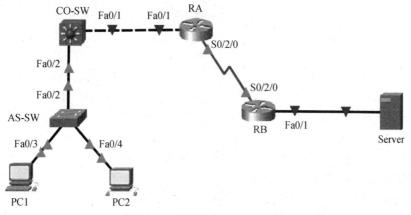

图 6-1　网络故障排除拓扑图

任务布置

1. 回顾 OSI 参考模型。
2. 研究网络工程文档包含的内容。
3. 学习网络故障排除方法。
4. 探究网络故障排除流程。

知识准备

6.1.1　网络运行与维护概述

在讨论网络维护方法之前，首先说明一下网络维护的定义。从本质上来说，网络维护是指让网络保持正常运行并满足企业机构商业需求而所要做的各种工作。下列任务就是网络维护工作的一些应用案例。

（1）硬件和软件安装及配置。

（2）针对故障报告进行故障检测与排除。

（3）监控和调整网络性能。

（4）规划网络扩容方案。

（5）记录网络状况以及网络发生的各种变更情况。

（6）确保网络与法律法规及企业策略保持一致。

（7）保护网络免受内部和外部的安全威胁。

不同的网络管理员会使用不同的故障检测与排除方法，但大多数故障检测与排除方法都包含收集和分析信息、排除潜在原因、推断最可能的原因、验证可疑原因等步骤。

6.1.2　网络设备配置文档

在排除网络故障的过程中，可以采取诊断多种问题的方法，包括试错法、参照法、替换法等。每一种方法的实施都离不开具体的网络环境，因此，在排除网络故障之前，必须弄清网络配置文件、终端系统配置文件、物理网络拓扑图、逻辑网络拓扑图。

1. 网络配置文件

网络配置文件应包含有关任何设备的所有相关信息，包括：

（1）设备类型、型号。

（2）IOS 映像名称。

（3）网络设备主机名。

（4）设备位置，如果有模块，还应包括模块和插槽等信息。

（5）数据链路和网络层地址。

（6）设备物理方面的任何其他重要信息。

图 6-2 和图 6-3 分别显示了路由器和交换机的相关配置信息。

Device Name, Model	Interface Name	MAC Address	IPv4 Address	IPv6 Addresses	IP Routing Protocols
R1, Cisco 1941, c1900-universalk9-mz.SPA.154-3.M2.bin	G0/0	0007.8580.a159	192.168.10.1 /24	2001:db8:cafe:10::1/64 fe80::1	EIGRPv4 10 EIGRPv6 20
	G0/1	0007.8580.a160	192.168.11.1 /24	2001:db8:cafe:11::1/64 fe80::1	EIGRPv4 10 EIGRPv6 20
	S0/0/0	N/A	10.1.1.1/30	2001:db8:acad:20::1/64 fe80::	EIGRPv4 10 EIGRPv6 20
R2, Cisco 1941, c1900-universalk9-mz.SPA.152-4.M1	S0/0/0	N/A	10.1.1.2/30	2001:db8:acad:20::2/64 fe80::2	EIGRPv4 10 EIGRPv6 20

图 6-2　路由器配置信息

Switch Information	Port	Speed	Duplex	STP	Port Fast	Trunk Status	Ether Channel L2 or L3	VLANs	Key
S1, Cisco WS-2960-24TT, 192.168.10.2/24, 2001:db6:acad:99::2, c2960-lanbasek9-mz.150-2.SE7.bin	G0/1	100 Gb/s	Auto	Fwd	No	On	None	1	Connects to R1
	F0/2	100 Mb/s	Auto	Fwd	Yes	No	None	1	Connects to PC1

图 6-3　交换机配置信息

2. 终端系统配置文件

终端系统配置文件重点关注终端系统设备中使用的硬件和软件，例如服务器、网络管理控制台和用户工作站。文档应包括：

（1）设备名称（用途）。

（2）操作系统及版本。

（3）IPv4 和 IPv6 地址。

（4）子网掩码和前缀长度。

（5）默认网关和 DNS 服务器。

（6）终端系统上使用的任何高带宽网络应用。

图 6-4 显示了终端和服务器的相关配置信息。

Device Name, Purpose	Operating System	MAC Address	IP Address	Default Gateway
PC2	Windows 10	5475.D08E.9AD8	192.168.11.10 /24	192.168.11.1 /24
			2001:DB8:ACAD:11::10/64	2001:DB8:ACAD:11::1
SRV1	Linux	000C.D991.A138	192.168.20.254 /24	192.168.20.1 /24
			2001:DB8:ACAD:4::100/64	2001:DB8:ACAD:4::1

DNS Server	Network Applications	High Bandwidth Applications
192.168.11.11 /24	HTTP, FTP	Video
2001:DB8:ACAD:11::99		
192.168.20.1 /24	FTP, HTTP	
2001:DB8:ACAD:11::99		

图 6-4　终端与服务器配置信息

3. 物理网络拓扑图

网络拓扑图可以跟踪网络中设备的位置、功能和状态，有两种类型：物理拓扑图和逻辑拓扑图。物理网络拓扑图显示连接到网络的设备的物理布局，通常包括：

（1）设备类型。

（2）型号和制造商。

（3）操作系统版本。

（4）电缆类型及标识符。

（5）电缆规格。

（6）接头类型。

（7）电缆连接端点。

图 6-5 为某组织的物理网络拓扑图。

4. 逻辑网络拓扑图

逻辑网络拓扑图说明设备与网络的逻辑连接方式，图符用于表示各种网络元素，如路由器、交换机、服务器、主机、VPN 集中器及安全设备。记录的信息可能包括：

（1）设备标识符。

（2）IP 地址和前缀长度。

（3）接口标识符。

（4）连接类型。

（5）站点到站点 VPN。

（6）路由协议和静态路由。

（7）所采用的 WAN 技术。

（8）数据链路协议。

图 6-6 为某组织逻辑网络拓扑图。

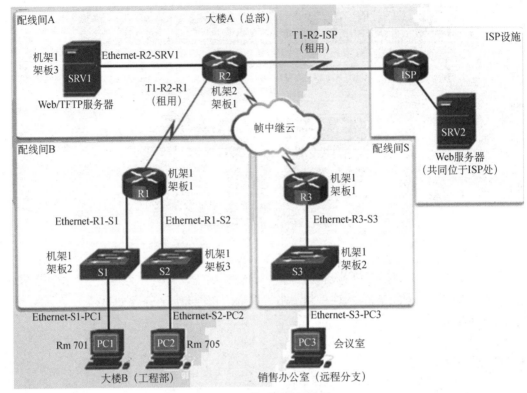

图 6-5　物理网络拓扑图

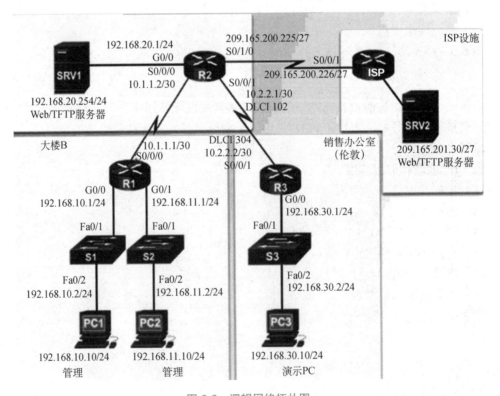

图 6-6　逻辑网络拓扑图

6.1.3　常见网络故障排除方法

不同的网络管理员会使用不同的故障检测与排除方法，但大多数故障检测与排除方法都包含收集和分析信息、排除潜在原因、推断最可能的原因、验证可疑原因等步骤。

1. 试错法

试错法依据经验对解决问题的方法进行推测，随后实施这种解决方案并对得到的结果进行检验，然后不断地重复这一过程，直到得到了正确的解决方法为止。从严格意义上讲，采用试错法解决网络故障并不是一种科学的手段，常常遭到纯技术论者的反对。尽管如此，在现实工作中，这种方法仍然占有一席之地，而且没有几位网络专家敢说他从来没有使用过这种方法。虽然这种方法有着自己特殊的作用，但是并不能够作为唯一的解决方法，因为在某些情况下使用这种方法弊大于利。

2. 实例对照法

假设有两个相近的网络环境，其中一个工作正常而另一个恰巧相反。那么在这种情况下就可以使用实例对照法，即将其中不正常的网络按照正常工作的网络进行设置。实例对照的方法是一种最为快速的解决问题方法，因为这种方法不需要任何特定的知识或者是解决相关问题的经验。许多组织在购买计算机的时候，总是喜欢购买相同的型号并且按照同样的方式进行设置。当其中的某台计算机出现问题的时候，就可以利用这种方法了。

3. 替换法

在 IT 行业中，使用替换方法来解决问题是非常普遍的。采取这种方法，技术人员必须了解导致故障的可能原因，并且手中有正常工作的设备可供选择。正如这种方法最初给人的感觉一样，它非常简单，至少在确定导致故障的原因以后是这样。而确定产生故障的原因正是这种方法的困难和技巧所在。只有当产生故障的原因被确定，并且发生故障的组件存在缺陷的情况下，替换法才会产生效果。

6.1.4　网络故障排除流程

在实际的网络中，有可能相同的故障现象是由不同的原因造成的，也有可能相同的原因造成不同的故障现象，能否解决网络故障问题，取决于网络运维人员排障知识的积累程度。图 6-7 给出了一般网络故障问题的处理流程。这个流程不是一个僵化的纲要，网络运维人员可以修改流程，以适应特定的网络环境。

1. 识别故障现象

开始动手排除故障之前，最好先准备一支笔和一个记事本，将故障现象认真仔细记录下来。在观察和记录时一定要注意细节，排除大型网络故障时如此，排除一般十几台电脑的小型网络故障时也如此，因为有时正是一些最小的细节使整个问题变得明朗化。

例如这样一个案例：用户反映日志服务器与备份服务器间备份发生问题。这是一个不完整不清晰的故障现象描述，因为这个描述没有讲述清楚下列问题：

（1）这个问题是连续出现，还是间断出现的？

（2）是完全不能备份，还是备份的速度慢（即性能下降）？

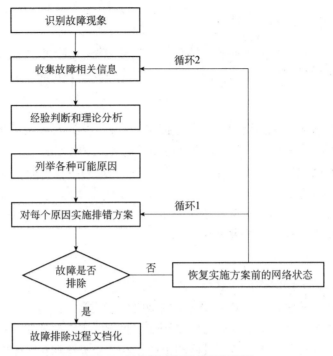

图 6-7　网络故障问题的处理流程

（3）哪个或哪些局域网服务器受到影响，地址是什么？

正确的故障现象描述是：在网络的高峰期，日志服务器 10.11.56.11 到集中备份服务器 10.15.254.253 之间进行备份时，FTP 传输速度很慢，大约是 0.6Mb/s。

2. 收集故障相关信息

收集网络故障相关的事实和症状很重要，有助于逐步排除可能的原因，并最终确定问题的根本原因。收集故障信息主要有以下几个步骤：

（1）收集信息。通过故障通知单、受故障影响的用户或终端系统收集信息以明确故障。

（2）确定所有权。如果故障在组织的控制范围之内，则进行下一阶段。如果故障不在组织的控制范围之内，则联系外部系统管理员。

（3）缩小范围。确定问题是出在核心层、分布层还是接入层。在确定的层中，分析现有故障症状，并尝试确定哪台设备最有可能发生故障。

（4）从可疑设备中收集症状。使用 ping、traceroute、telnet、show、debug、设备日志和数据包捕获命令/工具，从可疑设备中收集故障症状。

（5）记录症状。如果根据以前记录的故障症状仍然不能解决问题，则开始常规故障排除的下一阶段。

大多数情况下，网络故障问题一般是最终用户报告的，但这些信息通常不明确或具有误导性。因此，需要询问最终用户以便更好地帮助确定问题。当向最终用户询问可能遇到的网络问题时，需要使用有效的提问技巧。如上述案例，可以向用户提问或自行收集下列相关信息：

①网络结构或配置是否最近修改过，即问题出现是否与网络变化有关？

②是否存在用户在访问受影响的服务器时没有出现问题的情况？

③在非高峰期日志服务器和备份服务器间 FTP 传输速度是多少？

通过该步骤，可以收集到下面的一些相关信息：

● 最近 10.11.56.0 网段的客户机不断在增加。

● 129.9.0.0 网段的机器与备份服务器间进行 FTP 传输时速度正常为 7Mb/s，与日志服务器间进行 FTP 传输时速度慢，只有 0.6Mb/s。

● 在非高峰期日志服务器和备份服务器间 FTP 传输速度正常，大约为 6Mb/s。

3. 使用 OSI 分层模型确认网络问题

只有确认网络问题是什么后，才能确定解决方案。OSI 分层模型为网络管理员提供一种通用语言，通常用于排除网络故障。网络运维人员提供比较问题的特征与网络的逻辑层，以查明网络问题。使用 OSI 分层模型的层次结构思想解决问题，有自下而上、自上而下和分段这三种主要的网络故障排除方法，每种方法都有其优点和缺点。

（1）自下而上故障排除法。首先检查网络的物理组件，然后沿着 OSI 分层模型的各个层向上进行排查，直到确定故障的原因。如果首先怀疑网络故障是物理故障时，采用这种方法较为合适。根据统计，网络故障产生的概率分布是由低到高，因此使用这种方法通常比较有效。这种方法的缺点也很明显：必须逐一检查网络中的各台设备和各个接口，直至查明故障的原因。

（2）自上而下故障排除法。这种方法首先排除最终用户的应用故障，然后再检查更具体的网络组件，故适用于较简单的故障。这种方法的缺点是：必须逐一检查各网络应用，直至查明故障。

（3）分段故障排除法。如两个路由器跨越电信部门提供的线路而不能相互通信时，采用以上两种方法，都需要逐层排除故障，比较费时，这时分段故障排除法是有效的。分段故障排除法是指网络运维人员选择一个层并从该层的两个方向进行测试。使用这种方法需要运维人员做出合理的推测，即从 OSI 分层模型的哪一层开始进行调查。如果某一层正常运行，则可认定其下面的所有层都能够正常运行。

（4）使用 OSI 分层模型排除网络故障的原则：要快速解决网络故障，需要选择最有效的网络故障排除法。图 6-8 给出了故障排除方法的选择原则。

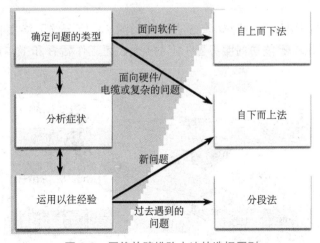

图 6-8　网络故障排除方法的选择原则

任务实施

1. 收集网络配置文档。
2. 制订故障排除方案。
3. 排除网络故障。
4. 参加任务成果分享。

6.1 任务实施

任务评价

根据任务完成情况，简明扼要地填写任务评价表，并将相关截图上传。

6.1 任务评价

归纳总结

现在大多数组织都依赖于网络基础设施的平稳运行，网络宕机常常意味着产能、利润和声誉的损失，因而网络故障检测与排除是网络支持团队的重要职能。网络支持团队诊断和排除故障的效率越高，组织所遭受的损失就越少。网络维护任务可以分为两大类，即结构化任务和故障驱动型任务。其中，结构化任务是指按照预定计划执行网络运维任务；故障驱动型任务是指在收到故障报告后解决问题。在实际工作中永远也不可能消除故障驱动型任务，但通过结构化维护方法完全可以减少故障驱动型任务出现的概率。

在线测试

本任务测试习题包括填空题、选择题和判断题。

6.1 在线测试

技能训练

请采用合适的分层模型故障排除方法解决如图 6-9 所示的网络拓扑结构中存在的问题：工作站 A 上的用户不能访问服务器 1 上的文件，而工作站 B 和工作站 C 能够访问服务器 1 上的文件。

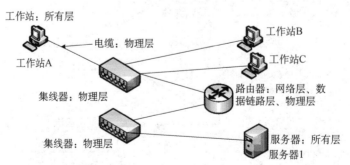

图 6-9　分层模型网络故障排除方法案例用图

6.2　监控网络系统安全

任务场景

　　如图 6-10 所示的网络拓扑结构，将路由器 R1 和路由器 R2 的日志信息记录到日志服务器上；为了确保记录信息的有序，网络中部署了 NTP 服务器。日志信息和 NTP 服务的安全性主要由服务器自身来保障。在时间同步过程中，R1 和 R2 与 NTP 服务之间交互的信息通过协议认证来加强。另外，在网络中的 R1 上部署了 NetFlow，将 R1 的 Fa0/0 接口下的流量（ICMP、Telnet）统计到报告系统，并用流量分析器进行监控。

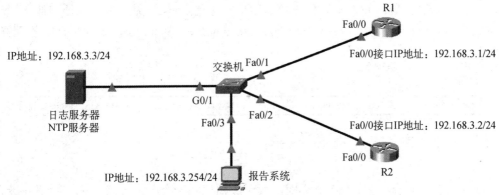

图 6-10　网络安全监控规划与部署拓扑结构

任务布置

1. 学习系统日志和网络时间协议。
2. 回顾简单网络管理协议。
3. 探究端口分析器的作用及操作。
4. 研究 NetFlow 流量监控工具。

知识准备

6.2.1　系统日志与网络时间协议简介

　　日志记录是发现网络事件和执行排错的一项重要工具。正确的日志记录，能够反映多台设备事件之间的关联，是建立安全网络的重要一环。如果没有合适的时间戳，系统日志消息就无法在排除故障中发挥作用。

　　1.　系统日志和网络时间协议

　　系统日志用于记录来自网络设备和终端的事件消息，有助于使安全监控切实可行，运行日志的服务器通常侦听 UDP 的 514 端口。系统日志消息通常带有时间戳，这使得不同来源的消息能够按时间组织，以提供网络通信过程的视图，实现此目的的一种方法是在设备上使用 NTP。NTP 使用权威时间源的层次结构，为网络上的设备共享时间信息，并且共享一致时间信息的设备消息可以提交到系统日志服务器上，NTP 通常侦听 UDP 的 123 端口。

由于系统日志和设备共享一致的时钟对于安全监控非常重要，因此系统日志服务器和 NTP 基础设施将可能成为威胁发起者的攻击目标，虽然这些攻击不一定会导致安全监控数据损坏，但它们可能会破坏网络可用性。

2. 系统日志信息格式简介

日志信息通常是指 IOS 中系统所产生的报警信息，其中每一条信息都分配了一个告警级别，并携带一些说明问题或事件严重性的描述信息，如图 6-11 所示。默认情况下，IOS 只发送日志信息到 Console 端口，但是日志信息发送到 Console 端口并不方便存储和管理，更多情况下是将日志发送至 Logging buffer、Logging file、Syslog server 或 SNMP 管理终端上去。

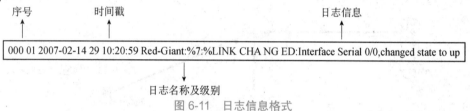

图 6-11　日志信息格式

IOS 规定，日志信息分为 7 个级别，每个级别都和一个严重等级相关，级别 0 最高，级别 6 最低，见表 6-1。使用 logging 命令后的参数，可以设置所记录的日志等级。需要注意的是，如果在 ACL 中使用关键字 log，则只有严重级别为 5 或 6 时，才会在控制台上显示输出信息。

表 6-1　日志信息的严重等级

级　别	名　称	描　述
0	Emergencies	不可用
1	Alerts	需要立即采取行动
2	Critical	情况危急
3	Errors	错误
4	Warnings	警告
5	Notice	正常但重要的事件
6	Informational	报告性消息

3. 系统日志和 NTP 的配置

如图 6-12 所示的网络拓扑结构，在 NTP Server、R1 和 R2 上完成 NTP 和系统日志的配置。

（1）配置 NTP 服务器。在 NTP 服务器的配置界面中，开启（On）NTP 服务，启用（Enable）NTP 认证功能，密钥 Key 设置为 "12345"，密码 Password 设置为 "NTPpa55"，如图 6-13 所示。

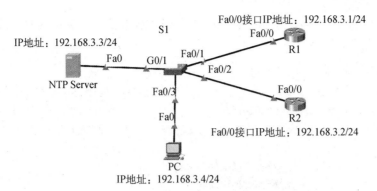

图 6-12　NTP 和系统日志配置网络拓扑结构

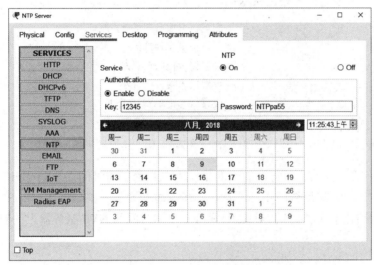

图 6-13　NTP 服务器的配置界面

（2）配置日志服务器。在日志服务器的配置界面中，开启（On）Syslog 服务，如图 6-14 所示。注意该服务没有认证功能。

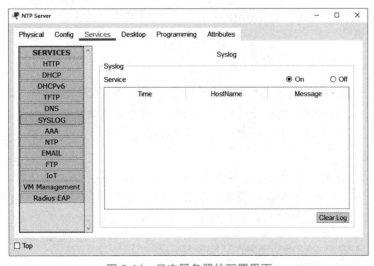

图 6-14　日志服务器的配置界面

（3）配置 NTP 客户端。分别在 R1 和 R2 全局配置模式下，完成 NTP 协议的认证等，具体配置过程如下：

```
clock timezone pst -8              //设置时区
ntp server 192.168.3.3 key 1      //指定时钟服务器的 IP 地址和密钥 ID
ntp authenticate//启用 NTP 认证
ntp authentication-key 1 md5 NTPpa5 //设置 NTP 认证用的密码，使用 MD5 加密。需要和
                                          NTP Server 一致
ntp trusted-key 1    //设置可以信任的 Key
ntp update-calendar //硬件时钟更新源
```

（4）配置日志服务。在路由器 R1 上，完成审计相关的配置，具体配置步骤如下：

```
logging host 192.168.3.3     //配置日志服务器的 IP 地址
logging on                   //开启记录事件功能
logging console              //设置记录控制台日志
logging buffered 4096        //设置日志缓冲区大小
logging trap                 //设置日志记录安全级别
logging userinfo             //记录账户登录信息
service timestamps log datetime  msec   //记录时间精确至毫秒
```

（5）验证测试。将 NTP 服务器的时间设置为电脑的工作时间，在 R1 和 R2 上执行 show ntp status 命令查看时间是否同步。注意，同步的时间要长一些。在 R1 和 R2 上执行 show clock 命令查看路由器工作时间。对比 R1 和 R2 上的时间和 NTP 服务器上的时间是否一致。

6.2.2　简单的网络管理协议

SNMP（Simple Network Management Protocol，简单网络管理协议）的前身是简单网关监控协议（SGMP），用来对通信线路进行管理。SNMP 由一组网络管理的标准组成，包含一个应用层协议、数据库模型和一组资料物件，该协议用以监测连接到网络上的设备是否有任何引起管理上关注的情况。SNMP 是广泛用作网络管理的协议，直到第 3 版都还没有真正的安全选项。

1. SNMP 简介

SNMP 将不同种类的设备、不同厂家生产的设备、不同型号的设备，定义为一个统一的接口和协议，使得管理员可以使用统一的界面对这些需要管理的网络设备进行管理。通过网络，管理员可以管理位于不同物理空间的设备，从而大大提高网络管理的效率，简化网络管理员的工作。

SNMPv2 认证是由简单的文本字符串组成的，并且在设备之间以明文且未加密的形式进行通信。Read-Only（只读）字符串能满足多数案例的需求。要想以安全的方式使用 SNMP，就要使用 SNMPv3 和加密密码，并使用 ACL 来限制可信工作站和可信子网，执行如下命令：

```
R1(config)#snmp-server community crnet@aia!nf0 RW 10
R1(config)#snmp-server community bjcrnet RO 10
```

```
//设置 SNMP 只读或读写串口令，10 为 Access-list 号
R1(config)#access-list 10 permit 210.82.8.65 0.0.0.0
R1(config)#access-list 10 permit 210.82.8.69 0.0.0.0
//只让210.82.8.65和210.82.8.69两台主机可以通过 SNMP 采集路由器数据
```

2. SNMP 的操作

如图 6-15 所示的网络拓扑结构，通过在路由器 R2 上配置读写权限的共同体命令，能够查询路由器接口 Fa0/0 的 MAC 地址和关闭该接口。具体操作过程如下。

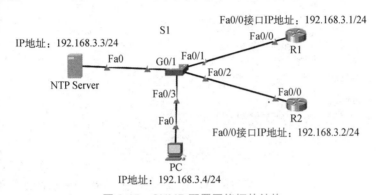

图 6-15　SNMP 配置网络拓扑结构

（1）配置读写共同体。执行如下命令：

R2(config)#snmp-server community cqcet rw　//在 R2 上配置读写共同体 cqcet

（2）配置终端管理程序。启动 PC 桌面下的 MIB Browser 程序，单击"Advanced"按钮，输入被管理设备的 IP 地址，读写权限共同体 cqcet，版本选 v3，单击"OK"按钮，如图 6-16 所示。

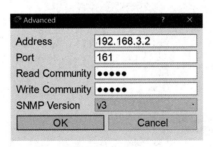

图 6-16　管理终端配置界面

（3）查询路由器接口的 MAC 地址。查询路由器 R2 接口 Fa0/0 接口的 MAC 地址，在 SNMP MIBS 栏展开被管理对象节点，确定被管理对象，在 Operation 下拉菜单中选择"Get"选项，单击"GO"按钮，在 Result Table 栏中出现路由器接口的 MAC 地址，路由器总共有三个接口：两个物理接口 Fa0/0 和 Fa0/1 和一个 VLAN1 接口，其中两个物理接口的 MAC 地址，可以通过路由器接口配置界面获得，如图 6-17 所示。

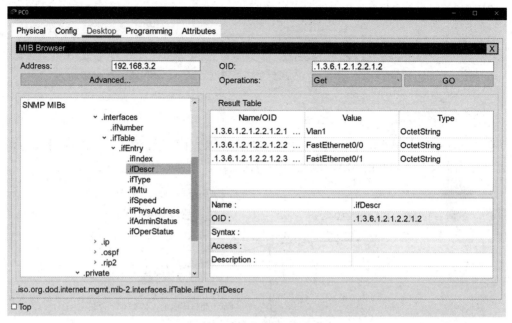

图 6-17　路由器接口 MAC 地址配置界面

可以看出：配置界面中 Fa0/0 接口的 MAC 地址与通过 SNMP 查询得到的其中一个接口的 MAC 地址相同，查询该接口状态为 UP，如图 6-18 所示。

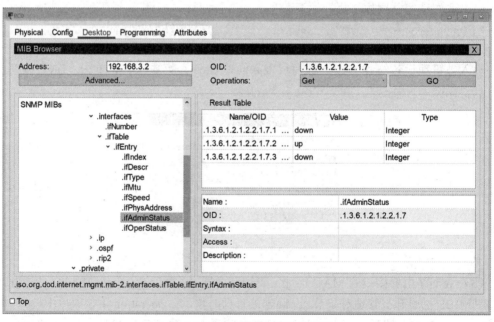

图 6-18　路由器接口状态查询

（4）关闭路由器接口。在 Operation 下拉菜单中选择"Set"选项，单"GO"按钮，弹出 SNMP Set 配置界面，在 OID 框中输入 Fa0/0 接口对象对应的 OID，Data Type 选择为"Integer"，Value 值填写为"2"，表示关闭接口操作，然后单击"OK"按钮，如图 6-19 所示。

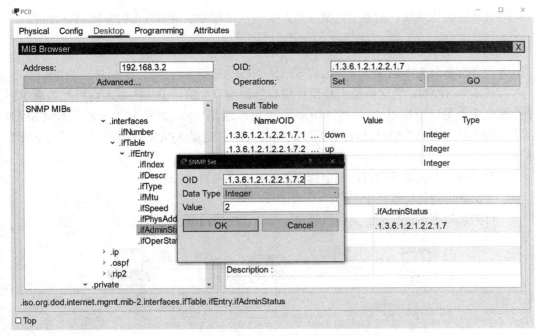

图 6-19　关闭路由器接口配置界面

6.2.3　使用端口镜像来监控网络流量

作为网络管理员，需要借助网络协议分析仪监控网络流量，从而完成故障排除或流量分析任务。

1. 端口分析器的概念

交换机总是尽可能地将数据帧直接转发至目的地，除非目的 MAC 地址不明确，或是广播或组播 MAC 地址时，数据帧才会被交换机泛洪至 VLAN 内的所有交换机的端口，由此可见，并不能简单地把网络协议分析仪连接到交换机来监控感兴趣的数据流。

交换机能够使用端口分析器（SPAN）特性，把一个或多个端口/VLAN（镜像源）的数据流"镜像"（复制）到特定的目的端口，如图 6-20 所示。

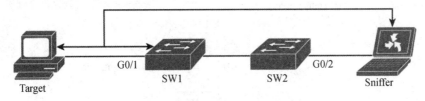

图 6-20　交换机端口分析器原理

当到达镜像端口或 VLAN 时，数据帧会被打上特殊的标记。这些标记代表着数据帧在转发给正常的目的端口时，应当同时复制一份给 SPAN 的目的端口，协议分析仪设备能够接收到 SPAN 镜像源发送或接收的数据帧的副本。

实施 SPAN 通常是为了向以下专用设备传输流量：

（1）数据包分析器：使用软件（如 Wireshark）捕获和分析流量，以便进行故障排除。

（2）入侵防御系统：侧重于流量安全，实施后可在发生网络攻击时检测网络攻击。

2. 端口分析器的分类

端口分析器分为本地 SPAN 和远程 SPAN（RSPAN）。

（1）本地 SPAN。当交换机上被监控端口（源端口）的流量（出、入均可）被镜像到该交换机上的另一个端口（目的端口）时，使用本地 SPAN，如图 6-21 所示。本地 SPAN 会话是源端口（或 VLAN）和目的端口之间的关联。配置 SPAN 时需考虑以下三个重要事项：

①目的端口不能是源端口，源端口也不能是目的端口。

②目的端口的数量取决于平台。

③目的端口不再是普通的交换机端口，仅被监控的流量会通过该端口。

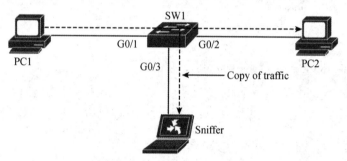

图 6-21　本地 SPAN 工作原理

（2）远程 SPAN（简称 RSPAN）。SPAN 的源端口和目的端口位于不同的交换机上。被镜像的数据流需要通过一个专用的 VLAN 在不同交换机的 Trunk 链路上传输，并最终到达镜像目的端，如图 6-22 所示。可以看出 RSPAN 使用两个会话：一个会话用作源，一个会话用于从 VLAN 复制或接收流量。每个 RSPAN 会话的流量都通过用户指定 RSPAN VLAN 中的中继链路进行传输。

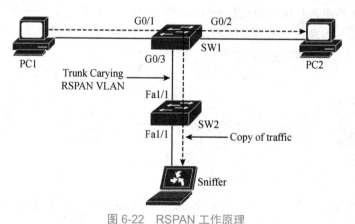

图 6-22　RSPAN 工作原理

3. SPAN 的配置实践

本案例使用如图 6-23 所示的网络拓扑图，图中的 PC1 连接到交换机 S1 的 Fa0/10，位于 VLAN 10，Sniffer1 连接到 Fa0/5，位于 VLAN 5，目的是捕获 PC1 通过端口 Fa0/10 发送

或接收的所有流量，并将这些帧的副本发送到端口 Fa0/5 上的 Sniffer1，达到监控交换机 S1
端口上流量的目的，这种模式叫作本地交换端口分析器 SPAN。PC2 连接到交换机 S2 的
Fa0/10，位于 VLAN 10，Sniffer2 连接到 Fa0/1 位于 VLAN 10，目的是捕获 PC1 通过 S1 的
端口 Fa0/10 接收的所有流量，这种模式叫作远程交换端口分析器 RSPAN。另外，交换机
S1 与交换机 S2 之间因为复制太多的流量，因此其上配置了链路聚合。

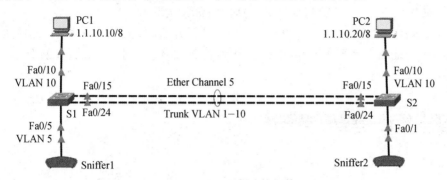

图 6-23　SPAN 配置网络拓扑图

（1）网络基本配置。

①划分 VLAN。在交换机 S1 和 S2 创建 VLAN 10，将 Fa0/10 接口划分到 VLAN 10 中。

②配置链路聚合。在交换机 S1 上，执行 interface port-channel 5 命令创建聚合端口，执
行 interface range Fa0/15，Fa0/24 命令选定端口，执行 channel-group 5 mode on 命令将指定
端口加入聚合编口中，并指定聚合端口采用手动方式，然后选定聚合组号 5，再执行
switchport mode trunk 命令指定端口属性为 Trunk，执行 switchport trunk allowed vlan 1-10 命
令指定 Trunk 链路上允许通过的 VLAN。在交换机 S2 上，执行相同的命令进行配置。

③验证聚合链路配置。在交换机 S1 和 S2 执行 show etherchannel summary 命令进行
验证。

④配置 PC1 和 PC2 主机的 IP 地址。它们在同一网段，因此无须网关。配置完 ip 地址
后，在 PC1 的命令行界面中，执行 ping 1.1.10.20 命令，输出结果显示，PC1 与 PC2 之间
的链路正常。

（2）配置本地 SPAN。

①定义会话数据源。执行 monitor session 1 source interface Fa0/10 命令，将 SPAN 会话
与源端口 Fa0/10 关联。

②定义 SPAN 的镜像目的。执行 monitor session 1 destination interface Fa0/5 命令，将
SPAN 会话与目的端口 Fa0/5 关联。

③验证本地 SPAN 配置。在 Sniffer1 的配置界面，打开 GUI 菜单，在弹出的窗口中，
单击 "Editor Filter" 按钮，只选中 ICMP 协议。然后在 PC1 上 ping PC2 的 ip 地址。此时发
现 Sniffer1 捕获到 8 个 ICMP 数据包。

（3）配置 RSPAN。

①创建并定义 RSPAN VLAN。在交换机 S1 和 S2 上创建 VLAN 5，执行 remote-span 命
令指定为 RSPAN VLAN。

②在镜像源交换机 S1 上定义 RSPAN 的源和目的。执行 monitor session 3 source

interface Fa0/10 rx 命令，将 SPAN 会话与源端口 Fa0/10 关联，只捕获接收流量，执行 monitor session 3 destination remote vlan 5 reflector-port Fa0/6 命令，将 SPAN 会话与反射端口 Fa0/6 关联，并将流量通过 VLAN 5 传输。

③在镜像目的交换机 S2 上定义 RSPAN 的源和目的。执行 monitor session 5 source remote vlan 5 命令，将 SPAN 会话与源端口 VLAN 5 关联。执行 monitor session 5 destination interface Fa0/1 命令，将 SPAN 会话与目的端口 Fa0/1 关联。

④验证 RSPAN 配置。按照（2）第三步使用的方法，先配置 Sniffer1，然后在 PC2 上 ping PC1 的 IP 地址。此时发现 Sniffer2 捕获到 8 个 ICMP 数据包，如图 6-24 所示。

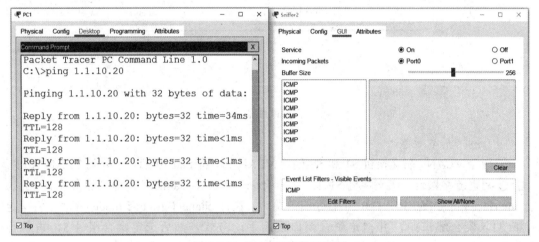

图 6-24　SPAN 配置结果验证

6.2.4　使用 NetFlow 监控网络流量

NetFlow 是思科开发的一种协议，为 IP 应用提供一系列高效的重要服务，包括网络流量统计、基于利用率的网络账单、网络规划、安全、拒绝服务监控、网络监控，可提供有关网络用户、应用程序、高峰使用时间以及流量路由的重要信息。

1. NetFlow 简介

NetFlow 不像完整的数据包捕获一样捕获数据包的全部内容，而是记录有关数据包流的信息。例如，在 Wireshark 中可以查看完整的数据包捕获，而 NetFlow 收集元数据或有关流的数据，而不是数据流本身，将高速缓存中的流量进行归纳总结，以更为直观的图形化方式在管理终端上显示出来，如图 6-25 所示。

传统的 IP 流是基于单个方向上流动的一组 5 个或最多 7 个属性的 IP 数据包，包含 TCP 会话终止前传输的所有数据包。NetFlow 使用的 IP 数据包的 7 个关键属性为：

（1）源 IP 地址。

（2）目的 IP 地址。

（3）源端口。

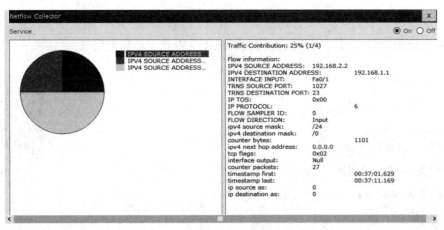

图 6-25　NetFlow 网络流量统计图形

（4）目的端口。

（5）第 3 层协议类型。

（6）服务类别。

（7）路由器或交换机接口。

所有具有相同源/目的 IP 地址、源/目的端口、协议接口和服务类的数据包都分组到一个流中，然后对数据包和字节进行计数。这种指纹识别或确定流的方法是可扩展的，因为大量的网络信息被压缩到称为 NetFlow 缓存的 NetFlow 信息数据库中。

2. NetFlow 配置

采用如图 6-15 所示的网络拓扑结构图。

（1）在 R2 上开启 Telnet 服务。

（2）在 R1 上配置 NetFlow。NetFlow 的配置也很简单，首先 NetFlow 可以从入站或出站数据包中捕获流量，因此在 R1 的 Fa0/0 端口下，执行 ip flow egress、ip flow ingress 命令指定需要捕获出入该接口的流量；执行 ip flow-export destination 192.168.3.254 9996 命令，指定 NetFlow 报告收集器的 IP 地址和侦听的端口号，将数据导出到报告系统上。

（3）配置结果验证。

在报告主机上运行流量分析器，如图 6-26 所示。

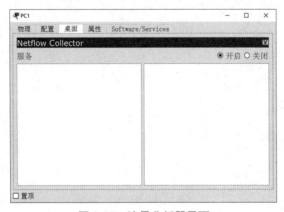

图 6-26　流量分析器界面

在报告主机上 ping R1（入方向流量），让 R1 能够 Telnet R2，因此在 R1 的 Fa0/0 接口上产生出入流量，以上过程需多执行几次，统计分析效果才会更明显。

任务实施

1. 网络基本配置。
2. 配置 NTP 和系统日志。
3. 配置 NetFow 功能。
4. 结果验证测试。
5. 参加成果分享。

6.2 任务实施

任务评价

根据任务完成情况，简明扼要地填写任务评价表，并将相关截图上传。

6.2 任务评价

归纳总结

很多组织的网络安全管理员需要收集部分或全部的重要网络数据：监督谁在使用网络资源，使用这些资源的目的何在；利用收集到的信息进行更有效的网络安全规划，使资源配置和部署更符合客户的要求；使用这些信息更好地构架和定制可用的应用和服务，以满足用户的需求和客户服务的要求。

在线测试

本任务测试习题包括填空题、选择题和判断题。

6.2 在线测试

参考文献

[1] 唐继勇，童均. 网络系统集成[M]. 北京：电子工业出版社，2015.

[2] 鲁先志，唐继勇. 网络安全系统集成[M]. 北京：中国水利水电出版社，2015.

[3] 唐继勇，刘明. 局域网组建技术教程[M]. 北京：中国水利水电出版社，2011.

[4] 唐继勇，童均. 无线网络组建项目教程[M]. 2 版. 北京：中国水利水电出版社，2014.

[5] 张选波. 企业网络构建与安全管理项目教程（上册）[M]. 北京：机械工业出版社，2012.

[6] 张选波. 企业网络构建与安全管理项目教程（下册）[M]. 北京：机械工业出版社，2012.

[7] 谭亮，何绍华. 构建中小型企业网络[M]. 北京：电子工业出版社，2012.

[8] 梁广民，王隆杰. CCNP（路由技术）实验指南[M]. 北京：电子工业出版社，2012.

[9] 梁广民，王隆杰. CCNP（交换技术）实验指南[M]. 北京：电子工业出版社，2012.

[10] 丁喜纲. 网络安全管理技术项目化教程[M]. 北京：北京大学出版社，2012.

[11] 卓伟，李俊锋，李占波. 网络工程实用教程[M]. 北京：机械工业出版社，2013.

[12] 刘彦舫，褚建立. 网络工程方案设计与实施[M]. 北京：中国铁道出版社，2011.

[13] 陈国浪. 网络工程[M]. 北京：电子工业出版社，2011.

[14] 易建勋，姜腊林，史长琼. 计算机网络设计[M]. 2 版. 北京：人民邮电出版社，2011.

[15] 黎连业，黎萍，王华，等. 计算机网络系统集成技术基础与解决方案[M]. 北京：机械工业出版社，2013.

[16] 刘晓晓. 网络系统集成 [M]. 北京：清华大学出版社，2012.

[17] 秦智. 网络系统集成 [M]. 北京：北京邮电大学出版社，2010.

[18] 斯桃枝，李战国. 计算机网络系统集成[M]. 北京：北京大学出版社，2010.

[19] 杨威. 网络工程设计与系统集成[M]. 2 版. 北京：人民邮电出版社，2010.